Osprey Military New Vanguard
オスプレイ・ミリタリー・シリーズ

世界の戦車イラストレイテッド
8

ドイツ軍火焔放射戦車 1941-1945

[共著]
トム・イェンツ×ヒラリー・ドイル
[カラー・イラスト]
ピーター・サースン
[訳者]
富岡吉勝

Flammpanzer German

Text by
Tom Jentz and Hilary Doyle

Colour Plates by
Peter Sarson

大日本絵画

目次 contents

3		設計上の制約条件など design limitations
5		I号戦車 Panzer I
5		II号戦車（火焔放射型） Panzer II (F) (Sd.Kfz.122)
13		B2戦車（火焔放射型） Panzer B2 (F)
17		III号戦車（火焔放射型） Panzer III (Fl) (Sd.Kfz.141/3)
33		突撃砲I（火焔放射型）——火焔放射型突撃砲 StuG-I (Flamm)
34		Sd.Kfz.251/16 Schützen-Panzer-Wagen 251/16
40		38式火焔戦車 Flammpanzer 38
45		ティーガーI型 Tiger I
25 46		カラー・イラスト カラー・イラスト解説

◎著者紹介

トム・イェンツ Tom Jentz
1946年生まれ。世界的に支持されているAFV研究家のひとりであり、ヒラリー・ドイルとコンビを組んだ "Encyclopedia of German Tanks"（日本語版『ジャーマン・タンクス』は小社より刊行）の著者として、とくに知られている。妻とふたりの子供とともに、メリーランドに在住。

ヒラリー・ドイル Hilary Louis Doyle
1943年生まれ。AFVに関する数多くの著作を発表。そのなかにはトム・イェンツと共著の『ジャーマン・タンクス』も含まれる。妻と3人の子供とともにダブリンに在住。

ピーター・サースン Peter Sarson
世界でもっとも経験を積んだミリタリー・アーティストのひとりであり、英国オスプレイ社の出版物に数多くのイラストを発表。細部まで描かれた内部構造図は『世界の戦車イラストレイテッド』シリーズの特徴となっている。

ドイツ軍火焔放射戦車
German Flamethrowers

design limitations

設計上の制約条件など

　1939年6月、陸軍兵器局兵器試験第6課（Wa Prüf 6）の工学博士オルブリヒ中佐は、「戦車に火焔放射器を（Flammenwerfer in Panzerkampfwagen）」という題名の論文を発表した。以下に、火焔放射式戦車類の設計構想を支配する複雑な要素に関して独自の視点をもつオルブリヒの記事から、要点を引用する。

　オルブリヒは火焔放射器付きの戦車を最初に使用したのは1936年、アビシニアにおいて戦ったイタリア軍であると記している。可動式の火焔放射器を搭載したのはアンサルド C.V. 33 Carri-Fiammi (訳注1) 軽戦車 (訳注2) で、本来の武装である機銃は取り外されていた。放射用油（オイル）の容器（槽）は、1車軸のトレーラーで戦車後方に牽引される。

　この火焔放射器は放射用油を圧縮する単純な方式で、加圧された放射用油流は独特な形状の放射口から噴射される。放射用油の加圧方式としては次の3つがあった。

1. 重力方式（油槽を放射口より上方に置く）。
2. 圧搾ガスのボンベを使用。
3. 加圧用ポンプを使用。

ドイツでは、戦車類への火焔放射器の搭載方法として実際的なのは、後者のふたつだけであると考えられた。

流動体への加圧に加えて、火焔放射器のような兵器類の射程にはいろいろな相関的要素が影響をあたえた。

1. 放射筒部分の横断面とその形状。
2. 放射筒での流速。
3. 放射筒と油送管径の比率。
4. 空気抵抗、風速と風向。
5. 放射筒を離れた液体流が地上に達するまでのあいだ、どれくらい元の状態のままでいられるか。
6. 液体放射時の放射筒の仰角。
7. 火焔放射器用燃料が油槽から配管機構を通って放射口へ達するあいだの圧力の損失。

　配管機構内での圧力損失により、射程や拡散域が減少すれば火焔放射器は兵器としての価値を失う。それゆえ、高圧ガスボンベまたは加圧ポンプはなるべく放射筒の近くに設置し、燃料送達用の導管の長さを短くすべきである。圧力損失を最少にするため、ドイツでは燃料槽および配管機構を戦車内部の乗員の近くに置くこととした。この加圧に関しては配管機構の接続部やガスケットなどの気密性維持能力も関連する。1939年には、ドイツでは戦闘室内の高圧（約8気圧強）は乗員の知覚にとって危険であると考えられていた。

　機構内の圧力を増加すれば、理論上では火焔放射器の射程もこれに相応して伸延する

訳注1：「火焔車」の意。

訳注2：自重3トン強の本車はTankett＝豆戦車と呼んだほうがよい。

第5戦車連隊が間に合わせに造ったⅠ号戦車(火焔)。Ⅰ号戦車A型の砲塔機銃1挺を外し、代わって携帯用の火焔放射器を取り付けたものである。2～3両が改造されたようだ。これらの火焔戦車はトブルク外周陣地のコンクリート製掩蔽壕に籠った敵兵をあぶり出すために使われた。

はずであった。だが、高圧力で流動体を放出すれば、流動体の速度の上昇は反動としての空気抵抗の増加を招く。ドイツで行われた種々のテストでは、いくら圧力を上げても最大射程は延びなかったかわり、放射口の大きさによってこれが大きく変わることがわかった。

同じ1939年、ドイツでは実験を通じて無風および最適圧力下では、着火した油の伸延距離は80m以上におよぶとの結論を出した。この放射距離での1回の燃料噴射には60ないし70リッターを消費したが、もっと短い距離では燃料の消費量はずっと少なくて済んだ。

放射距離が50m以上では、火焔の放射流はどうやっても横方に大きく流されることも判った。この横風は30m以下の距離では事実上無視し得た。戦車の速度も火焔放射距離を減らす一因である。走る戦車から放射用油が噴射された場合、空気抵抗の増加が射程減少を引き起こすのである。このため、高速で突進する戦車は、目標が「規定(仕様書)」通りの距離内にあっても効果的な戦闘を為し得ない。火焔放射兵器の威力を十分に発揮し得る最適の射程距離は、これら要素のすべてを綿密に検討した上で決定される。放射用燃料の容量を固定化して考えた場合、

(1)近距離(40m以下)で相当数の放射ができる火焔放射戦車
(2)長射程(50～80m)だが数度の放射しかできない火焔放射戦車

のいずれかの選択しかあり得ない。

イタリア方式のように、長射程火焔放射器に必要な増加分放射用油をトレーラーで運ぶという手もある。だが、牽引式のトレーラーは旋回半径や機動性の面で戦車の能力を大きく削ぐ。トレーラーの損傷を防ぐため、戦車は速度を出せないし、超壕やその他障害物の超越でもこれがじゃまになる。

火焔放射戦車としての戦闘力を保持するには、長大な牽引式の放射用油槽に比べて小型の車内式放射用油槽のほうが適しているというのがドイツ側の結論であった。戦車内に相応量の放射用油を貯蔵できれば目標までより近づいて戦闘できる。1939年に行われた最初の数種類の実験から、ドイツの技術者たちは、より長射程の火焔放射器を設計製作して彼らの戦車に搭載するのはそれほどむずかしいことではないと考えた。が、関連するすべての要素を検討したのち、彼らは長射程よりも機動力の増大に重点を置くことを決めたのである。

右頁●Ⅱ号戦車(火焔)はⅡ号戦車D/E型を改装して造られた。新しい小型砲塔の武装は球形銃架のMG34 1挺。火焔放射時の良好な視界を得るために砲塔には通常、操縦手用に使われる展望装置が装着された。ヒンジ開閉式の防弾廂(ひさし)と大きなガラスブロックを組み込んだこの展望装置は、砲塔前面の左右両側に取り付けられた。Ⅱ号戦車D型は乾式ピンの鋼製履帯により識別できる(訳注7)。
(US Official)

訳注7：E型は湿式履帯。履帯を連結するためのピンを通してある穴にグリスを封入してあるものが湿式、穴にただの連結ピンを入れるものが乾式履帯である。

設計上の制約条件など／Ⅰ号戦車／Ⅱ号戦車(火焔放射型)

Panzer I

I号戦車

　最初に火焔放射器を搭載したドイツ戦車は、正統な技術開発の結果ではなく、単にスペインの戦場における現地改造から生まれたものであった。実戦に投入された戦車(訳注3)の機銃のみの火力があまりに貧弱なのに失望した乗員たちが、火焔放射器ならもっと有効な武器になるのではと上層部に提案したのである。この最初の企てに関しては、スペイン市民戦争時における1939年3月30日付のドイツ参謀本部報告書にわずかながら記録が残されている。この記録によれば、小型火焔放射器(工兵用の背負い式火焔放射器)の放射筒はI号戦車の砲塔右側機銃用銃架に簡単に取り付けられたとある。記録には乗員の死傷率が割合と高いので、火焔放射器の射程はなるべく長くしてほしいとも書かれていた(訳注4)。

　C.V. 33 火焔放射戦車を使って成果をあげたイタリア軍や(ドイツ)第6戦車連隊の「義勇兵」たちの経験をもとに、第5戦車連隊は北アフリカで再度の実験を試みた。戦闘工兵から借りた例の背負い式小型火焔放射器は今回もI号戦車A型の砲塔に取り付けられた。この火焔放射器搭載戦車はトブルク外周防禦陣地のコンクリート製掩蓋に立て籠った敵兵のいぶり出しに使用された。

訳注3：I号戦車のこと。

訳注4：I号戦車の薄い装甲では、100mくらいの距離でも重機関銃の徹甲弾で射貫されてしまう。

Panzer II (F) (Sd.Kfz. 122)
II号戦車(火焔放射型)

特徴と性能
Description and Specifications

　ドイツで制式に設計製作された最初の火焔放射戦車として知られているのが、この「Panzerkampfwagen (F)」(訳注5)、または「Panzerflammwagen (Sd.Kfz. 122)」(訳注6)である。名称はのちに変更されて「PanzerkampfwagenII(Flamm)(Sd.Kfz. 122)」すなわち「II号戦車(火焔)(Sd.Kfz. 122)」となり、II号戦車系列の仲間になった。

訳注5：(F)はFlammの頭文字、直訳すれば「(火)戦車」。

訳注6：直訳すれば「装甲火焔車」。

表1：II号戦車(火焔) 仕様

車体長	4.90m
車体全幅	2.40m
車体全高	1.85m
最低地上高	0.34m
戦闘重量	12t
燃料容量	200リッター
最高速度	55km/h
巡航速度(路上)	40km/h
最大速度(路外)	20km/h
航続距離(路上)	250km
航続距離(路外)	125km
登坂力	30°
超堤高	0.42m
超壕幅	1.70m
渡渉水深	0.90m
接地圧	0.85kg/cm²
出力重量比	11.7PS(メートル馬力)/t

　陸軍兵器局が、その提案に対する返答として監査部第6課から火焔放射戦車の試作型0シリーズの設計と開発に関する認可を受けたのは、1939年1月21日であった。兵器局兵器試験第6課は車両の要目を決めた上でニュルンベルクのMAN (Maschinenfabrik Augsburg Nürnberg) 社に車台の設計を、またベルリン=マリーエンフェルデのダイムラー=ベンツ社に砲塔と上部車体の設計を各々委託した。最終設計案で決まったのは、左右のフェンダー前部に火焔放射筒付きの可動式放

射塔(訳注9)各1基を搭載した戦車であった。この放射塔は9時から3時までの180度のあいだで旋回可能で、左右別々に操作できた。火焔放射器は各々別個の放射用油槽をもち、各1基の容量は放射時間が2〜3秒なら80回程度の放射が可能な160リッターであった。加圧推進用の圧搾窒素は4本のボンベに充填、放射用油への点火には圧搾アセチレンが使用された。

砲塔(固定式)の武装は俯角10度から仰角20度の弧状射界をもつ球形銃架に装着するMG34(34式機銃)1挺で、これの照準は200m照尺付きのKZF2照準器による。保弾帯式の徹甲弾(SmK)は総計で1800発を搭載。これは1袋150発入りの弾薬袋12個に格納された。

この12トン火焔放射戦車の乗員は3名で車長は機銃手と火焔放射器の射手を兼ねる。車体前部右側に座る無線手は受信用無線機Fug 2の操作をするが、火焔放射器の第二射手も務める。操縦手は前部左側に位置した。

装甲厚は車体、砲塔とも前面が30mm、側面が14.5mm、前面は距離600m以上で口径25mm以下の対戦車砲弾に抗堪、14.5mm厚鋼板は、小火器(口径8mmまたはそれ以下)徹甲弾に全距離での抗堪を目途としていた。

火焔放射戦車を造るために選ばれたのは、Ⅱ号戦車D型用としてMAN社が設計したLa.S.138(訳注10)型車台であった。この車台の動力源は排気量6.2リッター水冷直列6気筒のマイバッハHL62 TRM ガソリンエンジン。2600回転/分、140馬力の最大出力は半自動7段変速のマイバッハSRG 14 479伝動変速機を経て車体前方のクラッチ操作機構を通り、最終減速機から履帯駆動用の起動輪へと伝えられる。この車台は大径転輪(車体片側に4個ずつ)に棒ばねを組み合わせた懸架装置を採用した最初の車両群のひとつであった。

生産
Production

1939年4月に開始されたLa.S.138車台の組み立ては、MAN社からの自動的な継続発注によって1939年8月まで続けられたが、このなかから46両分が火焔放射戦車用上部車体および砲塔搭載用として抽出された。1939年7月には軟鋼製上部車体の試作車が完成、上部車体と砲塔付きの火焔放射戦車の組み立ては1940年1月、カッセルのヴェックマン(Wegmann)社において開始された。1940年3月には火焔放射戦車に改造するため、43両のⅡ号戦車D型が部隊から返還された。さらに1940年3月8日の命令で第7戦車師団から

ベアリング入りの給脂式履帯をもつⅡ号戦車E型から改装されたⅡ号戦車(火焔)。この火焔戦車はロシア軍によって捕獲された車両(訳注8)。

訳注8：元の所属は第100(火焔)戦車大隊。

訳注9：Spritzköpfe、直訳すれば「噴射頭」。

訳注10：La.S.は農業用トラクターの略。

10両、第8戦車師団から20両のⅡ号戦車D型がマグデブルクの兵器廠へ戻された。最初の20両の組み立て完了後の1940年4月、すでに完成していた火焔放射戦車の全部に工場への召還（リコール）が命じられたが、これは最初の実用試験で部隊から出された回収要求に応えるためであった。

　要求諸元にほぼ合致する仕様のⅡ号戦車（火焔）、La.S.138（F）（車台番号Nr. 27001～27085および27801～27000）の組み立ては1940年5月に始まり1940年10月まで続けられた。受領検査部による報告には、月産台数の合計は86両と付け加えられているが、兵器局独自の報告書では10月の火焔放射戦車の完成数は87両で、ほかに追加の上部車体3両分が有ったとしている。つまり、0シリーズの初回発注分として全部で90両分の砲塔と上部車体が造られ、このうちの87両分は完成車になったが3両分の上部車体のみは車台が足りなかったわけである。この0シリーズ最後の火焔放射戦車3両の組み立ては、追加の車台3両分の、火焔放射戦車としての改造が遅れたため、1941年2月までずれ込んだ。

　最初のシリーズの生産や実戦テストが順調に進展する以前の段階で、すでに第2シリーズの発注がなされていた。1940年3月8日、MAN社は火焔放射戦車用の上部車体およびLa.S.138車台150両分の追加契約が内定していたと報告しているが、これは1941年末までの月産数にすると毎月30両の生産ということになる。この第2シリーズLa.S138にはNr. 27101～27250の車台番号があたえられており、1941年8月には第2シリーズの組み立てはすでに開始されていたとMAN社は報告している。この生産の途中、同シリーズは90両だけを火焔放射戦車として完成し、残る60両の車台は通常のⅡ号戦車D型（2シリーズLa.S. 138〈2cm〉）とする旨の決定がなされた。が、1941年11月、この決定は覆され第2シリーズの50両はすべて火焔放射戦車として完成させることになった。

　1941年12月20日、兵器局は第2シリーズの車台を対戦車自走砲用に転用すると決定しこれを通達した。結局、Ⅱ号戦車（火焔）（Sd.Kfz.122）B型──2シリーズLa.S.138（F）（車台番号Nr.27101～28250）は総計62両が完成したに過ぎず、1942年3月をもって生産は打ち切られた。この62両を含む第2シリーズの車台150両分は、すべて7.62cm Pak.36（r）［36

火焔用燃料を放射する可動式放射塔のクローズアップ。火焔を放射する以前に、無点火の火焔用油を目標に浴びせるのも、通常の戦闘方法であった。E型車台の特徴であるベアリング入りの給脂式履帯と、これに合わせた起動輪の形状がよく判る。

（r）式7.62cm対戦車砲］を搭載する対戦車自走砲用に転用された。

編制
Organisation

　1940年3月1日、ヴュンスドルフの機甲兵科学校において最初の火焔放射戦車（機甲火焔放射）大隊の創設が下命された。この「第100（F）戦車大隊」の編制序列は次の通りであった。

Stab Pz. Abt.（F）　K. St. N. 1110（訳注11）（1940年2月28日）
［戦車大隊本部（火焔）］
Stskp Pz. Abt.（F）　K. St. N. 1151（1940年2月28日）
［戦車大隊本部中隊（火焔）］
Staffel Pz. Abt.（F）　K. St. N. 1179（1940年2月28日）
［戦車大隊予備（火焔）］
3 Pz. Kp.（F）　K. St. N. 1177（1940年2月28日）
［3個戦車中隊（火焔）～（放射戦車）］
1. Kol. Pz. Abt.（F）　K. St. N. 1188（1940年2月28日）
［1個段列従隊、戦車大隊（火焔）］
1. Pz. Werkst. Zug　K. St. N. 1110（1937年10月1日）
［1個整備小隊］

　この最初の命令には部隊の練成完了および作戦行動の準備は1940年7月10日にすると明記されていた。つまりこれは、参謀本部が、計画されていた西方への攻勢作戦に機甲火焔放射部隊をなんとしても間に合わせようとする意図をもっていなかったことを示している。
　第100（火焔）戦車大隊の本部は1940年3月5日制式に開隊、同3月21日には3個中隊がこれに続いた。2番目の「第101」と名付けられた（火焔）戦車大隊の本部は1940年5月4日に開隊された。時を同じくして第101（火焔）戦車大隊第1中隊が4月26日に、第2中隊が5月10日、第3中隊が5月1日に各々創設された。ただし、1940年6月19日の時点で使用可能なⅡ号火焔放射戦車は16両しかなかった。だから大隊が訓練と戦闘の準備を完了したとしても、1940年5月および6月のフランスでの作戦に寄与するには装備が少なすぎたのである。
　戦車などの類似した装備をもつ他

訳注11：K. St. N.（戦力定数指標表）Kriegsstärkenachweisungenの略称。ドイツ陸軍はあらゆる兵科の部隊ごとに（基本的には中隊ごとに）その兵員、装備、車両などの編成上の定数を指標として定めていた。

2個の可動式放射塔から火焔放射を行うⅡ号戦車（火焔）。(US Official)

訳注12：Waffenzug＝兵器小隊。火焔放射小隊に対しての名称で、編成内容に則して火砲小隊、または戦車砲小隊と意訳したほうが適切かとも思われる。

訳注13：Panzerflammwagenは訳注6に記した通り装甲火焔車だが意訳する。

訳注14：正しくは放射塔の放射筒。

部隊との識別をはかるため、両大隊は各々、その装備車両に部隊標識を描き込んでいた。第100（火焔）戦車大隊の部隊章は多彩色の炎、第101（火焔）戦車大隊の標章は交差した火焔放射器の図柄で、これは型紙(ステンシル)を使い砲塔後部にライトグリーンで描かれていた。

編制はその後いくらか調整されて1940年9月には各機甲火焔放射大隊の内容は次のようになった。

本部、本部中隊、3個（火焔）戦車中隊、1個予備隊（軽中隊）、1個軽機甲火焔従隊（軽段列従隊）、1個機甲整備小隊。

1941年2月1日付のK.ST.N.1177に拠って編制された各（火焔）戦車中隊の編成内容だが、Ⅱ号戦車（2cm砲）（Sd.Kfz.121）2両の中隊本部、各々（火焔）戦車（Sd.Kfz.122）4両の火焔放射小隊が3個、Ⅱ号戦車（2cm砲）（Sd.Kfz.121）5両の兵器小隊(訳注12)が1個となっていた。

1941年2月1日付のK.ST.N.1179に拠る（火焔）戦車大隊予備隊(Staffel)は予備車両としてⅡ号戦車（2cm砲）（Sd.Kfz.121）2両および（火焔）戦車（Sd.Kfz.122）6両を保有していたが、この予備隊は実際には長続きしなかった。第101（火焔）戦車大隊の予備隊は大隊の3個（火焔）戦車中隊に吸収され、独ソ開戦2日目の1941年6月23日には解隊してしまった。

戦術（用兵）
Tactics

基本的な戦術原則（運用方法）および具体的な戦闘力については、1940年9月1日付の機甲火焔放射（火焔放射戦車）大隊用教範に規定されているので、同教範からの抜粋を引用する。

「火焔戦車(訳注13)は機甲部隊用の近接戦闘兵器である。これらは、他の兵器類を以てしては成果を上げ得ない情況に有る敵に対し、これの撃退を計るにすこぶる有用である。火焔放射は敵の士気喪失においては絶大の効果を持つ。

「火焔戦車はその火焔放射器を以て近距離（30m以内）の敵部隊および可燃性目標と、またその機関銃を以て400m以内（最有効射程は200m位）の敵部隊を目標として戦闘する。Ⅱ号戦車（火焔）の規定搭載燃料を以てすれば2基の火焔放射器は2～3秒の射出時間で各々80回の放射が可能である。

「着火した油(オイル)は放射器の射程内に有るいかなる敵をも焼き尽くす。また、その士気喪失効果を以て敵を遮蔽物外へと追い出し、他兵器類によるこれの撃滅を可能とする。火焔放射器を以ての攻撃は野戦築城、掩蔽壕、建築物および森林などの抵抗拠点からの敵の排除等に特に効果を発揮し得る。

「目標との戦闘は1基または2基の放射塔よりの短時間噴射を以て行う。交戦する相手が開豁(かいかつ)地又は壕外に居る場合は仰角0度での放射が最も効果的である。この場合有効噴射範囲は火焔戦車の前部から凡そ10～20m前方である。噴射間の放射塔旋回によって噴射区域は約50m幅にまで広がる。高又は低位置の目標に対応する為、放射塔(訳注14)はレバーにより上下できる。散在する目標に対しては放射塔2基の同時噴射を以て対応する。

「個別の目標に対しては停止しての火焔放射が最も効果的にこれを撃滅し得る。当初、目標及びその周辺に着火せぬ油を噴射してこれを油膜で覆い、然る後に短時間の火焔放射を行えば火災は長時間持続する。この方式は塹壕、擁壁、掩蓋銃座、家屋、丸太組掩蔽壕等に対する戦闘に適する。

「火焔戦車は砲兵又は通常の戦車部隊等の火力援護下で進撃する。近距離の戦闘に於いては自隊のⅡ号戦車小隊が火力支援を行う。

「全火焔戦車大隊がその3個火焔戦車中隊の全部を幅850m以内の横一線に展開して攻撃に出た場合、最大の効果を発揮し得る。地勢状況が全大隊の展開を許さぬ場合にのみ、

中隊規模での投入を行う。火焔戦車大隊のみでの戦闘は絶対に不可とする。戦車師団への配属が妥当であるが歩兵師団へは特異な状況下でのみ配属を可とする」

実際には、すべての情況において集中使用が決定的な戦果につながることから、大隊も他の機甲部隊などとともに同じ戦場に投入された。通常、他の戦車や砲兵は敵の戦車や砲兵隊、対戦車火器などと、どのようなかたちで衝突してもこれと戦闘して撃破するのに対し、火焔戦車は放射用油の燃焼煙によってぶ厚い煙幕を張りこれに隠れて射程距離まで接近したり退却したりできるという特徴を有していた。

輸送配達の時間を除いてだが、火焔戦車の火焔放射用油320リッター、推進加圧用圧搾窒素ボンベ4本、およびアセチレンボンベへの給油、充填には30分を要した。補給用車両群が火焔戦車に随伴できた場合、全中隊の給油、充填の完了に要する時間は1時間であった。

II号戦車D型を改造したII号戦車(火焔)を上方から写しためずらしい写真。2個の小放射塔や砲塔の形状がよく判る。(Wegmann)

戦闘報告
Combat Reports

1941年6月22日の「バルバロッサ」作戦(訳注15)開始時、第100(火焔)戦車大隊は、第XLVII(47)戦車軍団麾下の第18戦車師団に配属された。当初の戦力は1941年6月18日の報告によればII号戦車24両、II号戦車(火焔)42両、III号戦車(5cm砲)5両、および指揮戦車(Sd.Kfz.267)1両であった。第2表の第100(火焔)戦車大隊戦力状況(可動状況)報告は、1941年夏と秋のロシアでの激戦による損失および可動状況を明確に示している。

1941年11月5日、第100(火焔)戦車大隊は休養と再編のために前線から引き上げられた。この際、II号戦車(火焔)以外の可動戦車(II号戦車11両、III号戦車2両)は残置されて第18戦車師団へ譲渡された。原駐地への帰還後の1941年12月22日、第100(火焔)戦車大隊はその3個中隊とともに通常の戦車連隊へと改編され、名称も第100戦車連隊第I大隊に変更された。それからいくらも経たぬ1942年2月5日、隊名は再度変わって「グロースドイチュラント(Großdeutschland)」戦車大隊となり編成内容も各々IV号戦車10両をもつ中型中隊3個に変更された。こうして「グロースドイチュラント」師団の一部となった大隊はロシアの前線へと戻り、1942年の夏季攻勢を戦うことになるのである。

1941年6月22日の「バルバロッサ」作戦開始時、第101(火焔)戦車大隊は第3戦車集団に配属(訳注16)された。当時の戦力はII号戦車25両、II号戦車(火焔)42両、III号戦車(5cm砲)5両および指揮戦車(Sd.Kfz.267)1両であった。

第101(火焔)戦車大隊の火焔放射戦車がどのように使われたかを示すめずらしい戦闘記録が残っている。以下はそれからの引用で日付は1941年8月26日、大隊はこの時、第7戦車師団に配属されていた。

表2：第100(火焔)戦車大隊戦力状況報告

■1941年7月22日付戦力状況報告より

	II号戦車	II号戦車(火焔)	III号戦車	指揮戦車
可動	10	17	1	0
修理中	8	14	3	1
喪失合計	6	11	1	0

■1941年9月1日付戦力状況報告より

	II号戦車	II号戦車(火焔)	III号戦車	指揮戦車
可動	16	15	2	0
修理中	2	15	1	0
喪失合計	7	12	2	1

■1941年9月30日付戦力状況報告より

	II号戦車	II号戦車(火焔)	III号戦車	指揮戦車
可動	8	7	2	0
修理中	7	20	1	0
喪失合計	10	15	2	1

■1941年10月20日付戦力状況報告より

	II号戦車	II号戦車(火焔)	III号戦車	指揮戦車
可動	11	7	2	0
修理中	5	21	1	0
喪失合計	9	14	2	1

訳注15：ドイツ軍によるソ連侵攻計画「バルバロッサ」作戦は、1941年6月22日午前3時に発動された。空軍の奇襲で、ソ連は開戦1週間で4000機以上の航空機を失い、地上軍も北方軍集団、中央軍集団、南方軍集団が東部方面で一斉に進撃して大包囲作戦を達成、開戦一週間で数十万人のソ連軍捕虜を得る。しかし、進撃の足並みは次第に乱れはじめ、前進を続ける戦車部隊に対する歩兵部隊の遅れや補給の問題などが相次いで発生。さらに軍上層部とヒットラーのあいだで作戦遂行をめぐって方針に混乱が生じるなど、ソ連軍にこの打撃から態勢を立て直す時間をあたえてしまうことになった。

訳注16：司令部の直轄部隊であった。

Ⅱ号戦車(火焰)を右斜め後方から写す。車体後部に発煙筒入りの容器を付けており、これの補助用として火焰用油槽のうしろに3連装の発煙筒発射器も搭載している。(Wegmann)

「ボロチナのロイニャ河を渡って攻撃してきた敵は、幅約2km、従深2kmの土地を占拠した。第7狙撃兵(歩兵)連隊第I大隊は河に沿った当初の防禦線を修復すべく攻撃に出た。支援にあたったのは第25戦車連隊と第101(火焰)戦車大隊で前者は右側、後者は左側を各々担当した。

「0600時[編注:午前6時、以下時刻は同様に表記]、第101(火焰)戦車大隊出撃。右に第3中隊、左に第2中隊が位置し第1中隊は第2中隊に続行する。広正面での最初の攻撃は地形のために頓挫。中隊群は一列従隊になって数本の深い小地溝を横断、遅滞なく前進を続行した。

「小火器類のみによる銃撃を受けたが、敵が対戦車砲および支援用重火器を有することは予想し得た。報告では、敵歩兵は森林部前面の藪の茂みに覆われた地域に潜んでいるとのこと。左手方向には深い小地溝が有り、これは戦車での超越は困難であった。

第101(火焰)戦車連隊第2中隊のⅡ号戦車(火焰)。東部戦線での詳細な戦闘報告は本文を参照。

1941年7月、ロシア戦線で撃破されたⅡ号戦車(火焔)。同車の前面形状を鮮明にとらえた貴重な写真である。(Bundesarchiv)

「(野砲の)砲撃による以外は対抗する手段がないと思われた藪の茂る地帯への攻撃のため、第101(火焔)戦車大隊は森へ向かって前進した。だが、森林内は戦車では通行不能と判り、大隊長は部隊を森の左側へと向けて迂回を試みたが、深い地溝と湿地帯がこれを拒んだ。

「この間、ドイツ軍歩兵は森林部へ向かって攻撃に出たが、機銃および小銃の弾幕に行く手を遮られた。大隊長は第101(火焔)戦車大隊の進路を変更、森と藪の西縁に沿って南へと向かう。第3中隊とⅢ号戦車(5cm砲)2両の分隊が先に進み、第2中隊がその後左側に位置する梯隊を組む。第1中隊は当初は予備として藪の西側の地溝付近に控置された。Ⅲ号戦車(5cm砲)2両の第2分隊は森林部の東縁に沿って森の捜索を命じられた。

「第2および第3中隊は藪の焼き払いにかかった。が、始めてみるとそこは何処も彼処もロシア兵でいっぱいであった。そのロシア兵たちが隠れ場所に潜り込んでしまうとドイツ歩兵は迅速には彼らを追い出せなくなるため、攻撃はそれに歩調をあわせて進めるしかなかった。しかしながら、すばやく地歩を得た我が前衛歩兵からの銃火が敵の頭を押さえ、いくつかの部隊が藪の付近へ進出するとその後、敵はいぶり出されていった。最初の捕虜の群がパニック状態であらわれる。全員が恐怖に顔を引きつらせていた。群生する藪を次々と焼き払って行く。それでも、いくらかのロシア兵が秘匿陣地からの発砲を続けたため、このあたりに2本目の通路が必要とされた。

「森の東縁に沿って前進した第1中隊は残存する敵歩兵のほとんどを焼き尽くした。第2中隊の火焔戦車1個小隊が送り込まれたのち、敵の抵抗は終わった。同じころ、第3中隊は空地と麦畑を抜けて谷間に入った。ここでまた、塹壕に潜んだ多数の敵歩兵を発見、ふたたび第2中隊が送り込まれてこのあたりを掃討した。

「この間に、ドイツ歩兵たちはその目標に到達して陣を張った。1100時、第101(火焰)戦車大隊は第25戦車連隊の発進を視認し、味方歩兵が大隊の支援なしでも陣地を維持し得るのを確認したのち、当初の集結地区への後退を開始した。

「1230時ころ、第7狙撃兵連隊第Ⅰ大隊より、同大隊は前方、両側方および後方からの攻撃を受くとの無線連絡を受信した。第101(火焰)戦車大隊第1中隊が救援のために発進、が、到着してみると歩兵の指揮官から、状況は好転したので火焰戦車中隊は不要になったと通知してきた。それでも、万一にそなえて第1中隊は1900時まで同地の前線に残った。

第101(火焰)戦車大隊による撃破は確認されたもので軽機関銃数挺、重機関銃11挺、迫撃砲1門、乗用車2両、トラック3両および戦車1両。ほかに重戦車1両および砲2門を破壊したとの情報があるがこれは未確認。火焰放射器および機銃により倒した敵歩兵は100ないし150名で、捕虜は40名を味方歩兵へ引き渡した。第101(火焰)戦車大隊の人員および兵器装備に関する損失は皆無であった」

第3表の第101(火焰)戦車部隊の戦力状況報告を見れば、1941年夏と秋のロシアでの激戦における可動状況および損失がひとめで判る。

前線から引き上げられてドイツ国内の原駐地へ帰ったのちの1941年12月10日、第101(火焰)戦車大隊はその3個中隊ともども解隊されて、兵員は第24戦車連隊の編成要員となった。第24戦車師団の主力として通常の戦車連隊の装備を完了したのち、部隊は1942年の夏季攻勢の一翼を担うべくふたたび東部戦線へと戻るのである。

表3:1941年11月8日における第101(火焰)戦車大隊の戦力状況報告

■1941年7月22日付戦力状況報告より

	Ⅱ号戦車	Ⅱ号戦車(火焰)	Ⅲ号戦車	指揮戦車
可動	6	5	2	0
修理中	12	20	1	0
喪失合計	7	17	2	1

Panzer B2 (F)

B2戦車(火焰放射型)

訳注17:この日、バイエルンにあったヒットラーの山荘で、兵器の基本的問題を討議する会議が行われた。敵戦車よりも破壊力のすぐれた火砲を装備する新型戦車の開発が要求され、その兵装から開発、生産にいたる多くの重要な決定がなされた。本シリーズ6「ティーガーⅠ重戦車 1942-1945」を参照。

1941年5月26日、ヒットラーを交えての会議の席(訳注17)で、火焰放射車両が議題に上った。すでに部隊配備の始まっていたⅡ号戦車(火焰放射型)85両の写真が提示されたのに加えて、鹵獲したB2戦車(Pz.Kpfw.B2、フランス製のChar B1 bis、つまりB1改型戦車のこと)の火焰放射型への改造の進展に関する討議もなされた。各12両のB2火焰放射戦車を持つ中隊2個が1941年6月20日に使用可能になるはずとの報告を受けたヒットラーは、その期限なら満足する旨の発言をもって応えた。

このB2火焰放射戦車の最初のシリーズ24両は、射出推力用に圧搾窒素を利用するⅡ号戦車(火焰放射型)のそれと同一の火焰放射機構を搭載していた。元の戦車(B1 bis)の前面右側に搭載されていた75mm砲は撤去され、その位置に火焰放射器の放射筒が装備された。

B2戦車(火焰)24両はすべて第102(火焰)戦車大隊に配備された。この部隊は1941年6月20日の創設で、1941年5月30日付のK.St.N.1176に従って編成された2個重火焰放射中隊が基幹となる。創設時、各中隊はB2戦車(火焰)12両に加えて各3両ずつの75mm砲付き通常型B1戦車を配備された。

表4:B2戦車(火焰) 仕様

車体長	6.86m
車体全幅	2.52m
車体全高	2.88m
最低地上高	0.45m
戦闘重量	32t
燃料容量	400リッター
最高速度	28km/h
巡航速度(路上)	12.5km/h
航続距離(路上)	140km
航続距離(路外)	100km
渡渉水深	0.72m
接地圧	0.85kg/cm²
出力重量比	9.4PS(メートル馬力)/t

第102（火焔）戦車大隊は「バルバロッサ」作戦開始の1日後、1943年6月23日に前線へ到着した。第17軍総司令部直轄の第102（火焔）戦車大隊は6月24日、第24歩兵師団へ、また6月26日には第296歩兵師団へ配属されて国境地帯の「ヴィエルキ・ジャル」要塞への攻撃を支援した。6月24日には第102（火焔）戦車大隊は、トーチカ（コンクリート製掩蓋）1個を

左頁上左●B2戦車（火焔）の最終シリーズでは新型の球形銃架式火焔放射筒が採用された。戦闘室も拡大され、放射器操作手用に装甲廂付きの操縦手型展望装置が取り付けられた。写真はその球形銃架と放射器を分解したところを示す。(Tank Museum)

左頁上右●B2戦車（火焔型）最終シリーズの火焔放射筒の詳細。(Tank Museum)

B2戦車（火焔）の第2シリーズでは新しい火焔放射機構が採用された。放射筒は母体のフランス製戦車シャールBの車体75mm砲位置に再度装着されたが、火焔燃料用の加圧装置が補助エンジン式になった。これら改装車両の、軍への最初の引き渡しは1941年11月～12月に開始された。(Werner Regenberg)

左頁下●B2戦車（火焔）の第1シリーズ24両は1941年6月22日の「バルバロッサ」作戦に間に合うよう改造された。鹵獲したフランス製重戦車にはII号戦車（火焔）に使われた圧搾窒素を推進力とする火焔放射機構と同じものが搭載された。車体の75mm砲が撤去されたあとに、II号戦車（火焔）と同様な火焔放射筒が取り付けられた。これらのB2戦車（火焔）は第102（火焔）戦車大隊に配備された。(Thomas Fung)

上手く落とした、と報告している。この数日の戦闘でロシア兵たちは野戦築城陣地へと後退した。

　6月29日1300時、第296歩兵師団長はヴィエルキ・ジャルの攻略完了を報告した。第520歩兵連隊第II大隊はその作戦日誌のなかで、この時の第102（火焔）戦車大隊の働きを詳しく記録している。

「6月28日の夕方、第102（火焔）戦車大隊は指定された集結地区への前進を開始した。戦車のエンジンから出る騒音はことのほかうるさく、これを聞きつけた敵は機銃および砲による一斉射撃を開始したが命中弾は皆無であった。

「霧が晴れるのを待って遅れが生じたが6月29日0555時、敵トーチカ群の銃眼に対する88mm高射砲の直接射撃を以て戦闘は開始された。88mm砲群による射撃は0704時まで続いたが、この間にほとんどの銃眼は命中弾を受けて沈黙した。

「緑色信号弾に応えて第102（火焔）戦車大隊の火焔放射戦車は0705時、攻撃に移った。火焔放射戦車の直後にはトーチカ爆破用の装薬を背負った戦闘工兵たちが続く。数個のトーチカがふたたび射撃を開始、工兵たちは対戦車壕内へ身を隠す。88mm高射砲および重火器類は支援攻撃を再開、この間、火焔放射戦車はトーチカNo.1から4に対して火焔放射によりこれを制圧した。戦闘工兵の突撃班がトーチカに肉迫し装薬を取り付けて点火爆破する。

「88mm砲の命中弾多数を受けたトーチカNo.1、2および4からの射撃はめっきり少なくなった。火焔放射戦車はほぼ完全にこれらを制圧したかに見えたが、トーチカの守備兵たちはその損害にもかかわらず頑強に抵抗を続けた。トーチカ3aからの75mm砲弾が2両の火焔放射戦車に命中、両車ともに炎上し乗員は脱出した。軽傷を負った3名の乗員は敵火の下で勇敢にも救助にあたったカネンギーサー衛生兵軍曹に助けられた。火焔放射器はトーチカには効果がなかった。燃焼用油は銃眼の球形装甲銃架へ侵透できなかったのである。いくつかのトーチカは火焔放射戦車との交戦後も射撃を続けていた」

　1941年6月30日、第102（火焔）戦車大隊はふたたび第17軍司令部の直轄とされた。1941年7月27日、第102（火焔）戦車大隊は命令により解隊された。それでも火焔放射器を搭載する戦車の開発を続けよとの命令が出され、ふたたびルノーB2戦車（火焔）がこれに使用された。火焔放射器はJ10型エンジンによるポンプ駆動加圧方式の新仕様となった。これで噴射距離は40～45mに延び、燃焼用油（火焔用）の搭載量も200放射分に増えた。火焔放射器自体は以前と同様に操縦席のとなり、7.5cm砲を撤去した部分に搭載された。車体後部には装甲板で構成された大きな箱形の燃料タンクが増設され、放射用油はこれに入れられた。防禦装甲はダイムラー＝ベンツ、火焔放射器はケーベ（Koebe）、装備方法はヴェックマンの各社がそれぞれ改造設計を担当した。

　この32トン火焔放射戦車の仕様だが乗員は4名、車体の火焔放射器のほか、砲塔に47mm砲と機銃を装備する。車体の装甲は40から60mm厚装甲板の組み合わせで前面板厚は60mm、後面板厚は55mmであった。砲塔は鋳鋼製で装甲厚は前面が55mm、側面および後面は45mmである。動力源はルノー製水冷6気筒ガソリンエンジンで排気量は16.94リッター、1900回転/毎分時の出力300PS（メートル馬力）は、5段変速の伝動装置を経て差動制御式

操向機から最終減速機へと伝わり起動輪および履帯を駆動する。

　1941年12月3日に報告された1車種の生産計画では1941年12月中に10両、1942年1月にさらに10両を完成予定とされていた。兵器局は合計で20両のB2戦車(火焔)の完成車受領を次のように報告している――1941年11月に5両、12月に3両。1942年3月に3両、4月に2両、5月に3両および6月に4両。

　その後、B2火焔放射戦車の改造の管轄権がフランスの兵器廠へ移されたため、ベルリンの兵器局には6月以降の生産数は記録されていない。

　例の可動戦力状況

B2戦車(火焔)用に開発されたのと略同型の火焔放射機構は、1943年1月から中型装甲兵車Sd.Kfz.251C型に搭載するために改造された(35頁本文を参照)。この火焔装甲車はSd.Kfz.251/16型として設計された。(Author)

左頁上●B2戦車(火焔)最終シリーズの特徴は、車体後部に追加装備された大きな装甲式火焔燃料槽であった。このめずらしいB2戦車(火焔)は1945年4月、オランダのデフェンダー付近で撃破された車両である。(Tank Museum)

の報告書によれば、新型のポンプ駆動式火焔放射機構を装備したB2戦車(火焔)は少なくとも60両はあったようだ。1943年5月31日の報告書によるこれら戦車の配備状況は次の通りである。

東部戦線の第223戦車中隊はB2戦車16両を保有しこのうち12両がB2(火焔型)。

西部戦線の第100戦車旅団はB2戦車34両を保有しこのうち24両がB2(火焔型)、同じく第213戦車大隊はB2戦車36両を保有しそのうち10両がB2(火焔型)。

ユーゴスラビアに居たSS「プリンツ・オイゲン(Prinz Eugen)」師団はB2戦車17両を保有しそのうちの何両かはB2(火焔型)であったが正確な数量は不明。

Panzer III (Fl) (Sd.Kfz.141/3)

III号戦車(火焔放射型)

III号戦車(火焔型)の車長は火焔放射器の操作手と砲塔機銃手も兼ねる。ほかの2名の乗員は操縦手と無線手兼車体銃手である。(US Official)

左頁下●1944年の9月末ころ、オランダのアーンエム、オスターベック付近で撃破されたB2戦車(火焔)。砲塔側部に現地部隊が取り付けた旧式な発煙筒発射器が見える。(Bundesarchiv)

技術と仕様
Description and Specifications

B2火焔放射戦車用に開発された火焔放射機構はその後、III号戦車の砲塔に搭載された。放射用油の送油管に接続するオイルシール付きの中継箱を取り付けたおかげで、砲塔は360度の全周旋回が可能であった。火焔放射器および同軸のMG34は＋20度、－10度の範囲で俯仰できた。放射器自体には照準装置はなく、照準は車長用司令塔(キューポラ)の正面覘視孔前につけられた照準板および放射外筒上部の照準棒に拠った。放射油用として車体内部に2個の燃料槽が取り付けられ、これには1020リッターを搭載できた。

ケーベ製ポンプは15ないし17気圧の圧力を発生、これによる流量は毎秒7.8リッターで、未着火の放射用油なら50m、着火なら60mの飛距離を達成できた。このケーベ製ポンプの動力源はアウト＝ウニオン(Auto-Union)ZW1101(DKW)2サイクルエンジンでこれは混合燃料を用いて28PSを発生する。放射用油への点火には電気式のシュミット(Smit)点火プラグが使用された。

もう1挺のMG34は車室前面の球形銃架に装着され、これは＋20度／－10度の範囲の円弧状の射界をもつ。機銃用の照準器は200mまでの射距離目盛付きKZF2直視式照準器。ベルト給弾式の機銃弾薬は3750発を搭載、弾種はおもに徹甲弾(SmK)で各150発入りの弾薬袋に収納される。

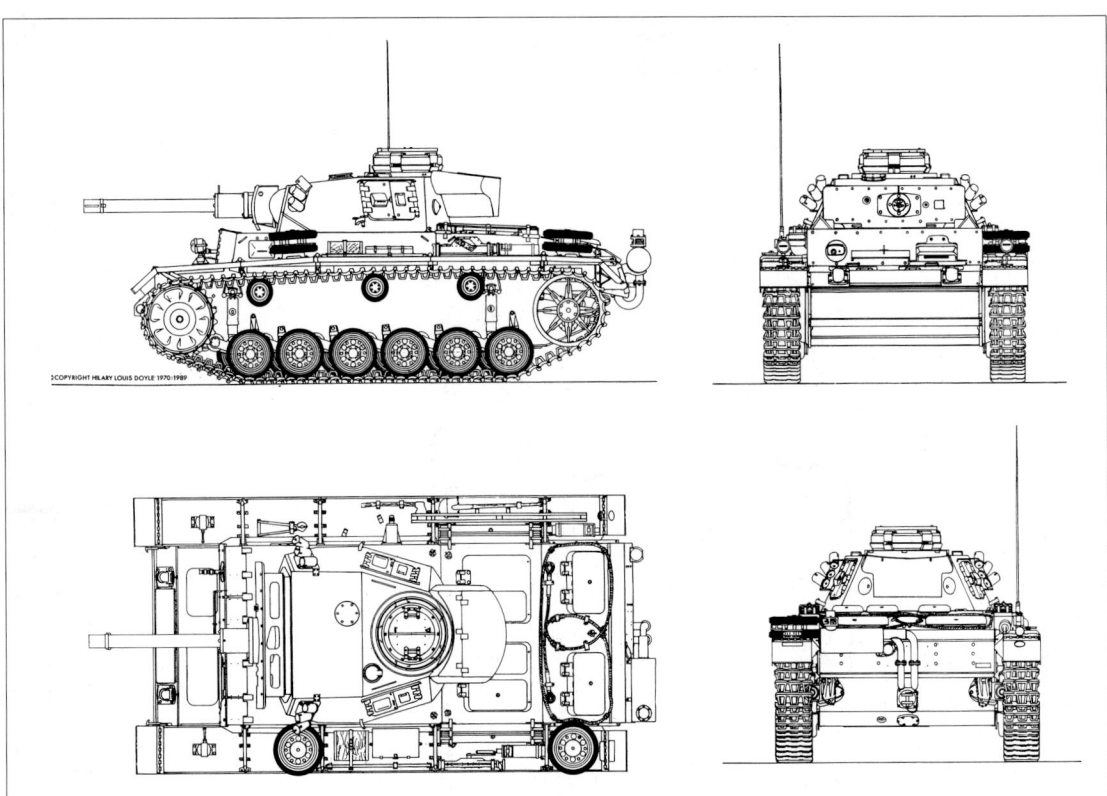

III号戦車（火焔型）四面図。
1/76スケール。（Author）

　この23.8トンの火焔放射戦車の乗員は車長、無線手および操縦手の3名で、車長は火焔放射器の操縦手と砲塔機銃の射手を兼務する。車体前部右側に座る無線手は送受信両用のFuG 5無線機セットの操作のほか前方機銃手も兼ねる。操縦手は無論、左側に座る。

　車体の装甲厚は車台前面が50mmプラス30mm、操縦手前面が50mmプラス20mm、両側面は30mmで、後面は50mmである。砲塔のそれは防楯部が50mmプラス20mm、両側面および後面が30mmであった。この前面装甲厚はロシアの76mm戦車砲およびアメリカの75mm戦車砲の弾丸に通常の戦闘距離(訳注18)で抗堪し得る厚さである。消火器は全部で5個を携行、3個は車内に、2個は車外に設置された。

　動力源は水冷12気筒、排気量12リッター、出力265PS/2600回転のマイバッハHL 120 TRMガソリンエンジン。伝動変速機は同調機構付き6速のZF SSG 77でこれを通った動力は遊星歯車式の操向装置を経て最終減速機から起動輪、履帯へと伝わる。片側各6個の下部転輪は各々独立した棒ばね式（トーションバー）懸架装置に取り付けられていた。

生産
Production

　ブラウンシュヴァイクのミアク(Miag)社は自動継続発注によって100両分(Fgst. Nr. 77609～77708)の車台を完成していた。このおぼえやすい数量の車台は火焔放射機構の取り付けおよび砲塔の搭載のためカッセルのヴェックマン社に引き渡された。生産予定では1月に20両、2月に45両そして3月に35両の完成が要求された。1カ月の遅れがあったものの、2月には65両の火焔放射戦車(Panzerflammwagen)(Sd.Kfz.141)が兵器局監査課に引き取られ、3月には34両がこれに続いたが、最後の1両のみは1943年4月の完成となった。制式名称がIII号戦車（火焔型）(Sd.Kfz.141/3)に変更されたのはかなりあとになってか

訳注18：1000mくらいか？

火焔放射装置は比較的近距離から掩蔽壕を撲滅できるように設計されていた。写真はIII号戦車(火焔型)。(US Official)

実地訓練でその威力を試すⅢ号戦車(火焰型)。火焰と黒煙が多大の注意をひくことは確かだ。Ⅲ号戦車(火焰型)は1943年に造られた。母体となったのは高く上げて反跳弁を付けた排気管と深度渡渉用のシールを装着したⅢ号戦車M型であった。(US Official)

らであった。

編制および戦闘記録
Organisation and Combat Reports

　これまで、火焰放射戦車は高級司令部直轄の陸軍独立大隊としてのみ編成されていた。だが、Ⅲ号戦車(火焰型)は小隊編成で通常の戦車大隊本部中隊の編制の一部に組み込まれた。公式には火焰戦車小隊(Panzer-Flamm-Zug)として知られるそれは1943年4月25日付のK.St.N.1190に準拠して編成され、「火焰放射戦車(Sd.Kfz.141)」7両で構成されていた。

　1941年(訳注19)5月5日付の報告書によれば、全部で100両の火焰放射戦車の配備先は次のようになっている。

「グロースドイチュラント」師団へ28両。
　第6戦車師団へ15両。
　第1戦車師団へ14両。
　第24戦車師団へ14両。
　第26戦車師団へ14両。
　第14戦車師団へ7両。
　第16戦車師団へ7両。
　ヴュンスドルフ学校へ1両(訳注20)
　第1戦車師団へ配備された14両のうち、ロシアへの部隊へ随行したのは7両のみで、残る7両は1943年10月31日に予備軍(陸軍予備)に配転となりドイツ国内の原駐地に残され

訳注19：原書のまちがい、正しくは1943年。

訳注20：機甲兵科(訓練)学校。

訳注21：1943年9月、米英連合軍が半島南端とサレルノに上陸し、イタリア半島を巡る攻防戦は始まった。連合軍はローマを目指して進撃するが、半島を横切るドイツ軍の防衛線を巡って消耗戦を強いられた。この防衛戦のひとつ「グスタフライン」の手前で、イギリス軍はアドリア海への道を確保するため、サングロ渓谷の街モッツァグローニャの占領を計画。作戦は11月27日に開始されたが、ドイツ軍は地雷、ブービートラップ、爆弾と、あらゆる兵器で抵抗、戦車と火焔放射戦車も投入し、激戦になった。30日、イギリス軍は戦車部隊と歩兵部隊が共同して市内を1ブロックずつ掃討する攻撃で、モッツァグローニャの占領に成功、ドイツ兵300名余を捕虜にし、その兵器、装備品、物資を手に入れた。

訳注22：第Ⅰ、第Ⅱ大隊。

訳注23：セモヴェンテのこと。

「411」号車の乗員たちは彼らのⅢ号戦車（火焔型）を迷彩するにあたって、基本塗装の暗黄色（ドゥンケルゲルプ＝タン）の上に暗黄緑色（オリーヴグリュン＝ダークオリーヴグリーン）および赤褐色（ロートブラウン＝暗いチョコレート色）の粘性塗料を塗りたくったようだ。(US Official)

表5：1943年時のⅢ号戦車（火焔型）配備各部隊の戦力状況報告

	3月31日	4月30日	5月31日	6月30日	7月31日	8月31日	9月30日	10月31日	11月30日	12月31日
■ロシア：										
第1戦車師団								7	6	0
第6戦車師団	15	15	14	14	13	7	4	3	3	3
第11戦車師団		3	13	13	13	8	8	5	5	0
第14戦車師団								7	7	5
第24戦車師団								14	13	13
「グロースドイチュラント」師団	27	24	14	14	12	11	10	7	0	0
■イタリア										
第16戦車師団		7	7	7	7	7	2	2	2	0
第26戦車師団					14	14	14	14	14	11
可動	10	31	34	39	29	33	19	38	23	15
修理中	32	18	14	9	30	14	19	22	27	17
合計	42	49	48	48	59	47	38	60	50	32
月内の喪失合計	1	0	1	0	3	12	9	6	10	18

た。「グロースドイチュラント」へ配備された28両のうち13両は第11戦車師団へ配転となった。第5表は1943年時の戦力報告で、各部隊のⅢ号戦車（火焔型）の戦闘における喪失や保有数、可動状況などを示す。

イタリアでの実戦
Mozzagrogna

　1943年11月28日、イタリアのモッツァグローニャ近郊における第26戦車連隊第1火焔（戦車）中隊の行動を記録した非常にめずらしい戦闘記録が残っている(訳注21)。この部隊は第26戦車連隊の各大隊(訳注22)に付随していた火焔放射戦車小隊をまとめて、中隊規模に拡大するという一風かわった方法で編成されており、「火焔（戦車）中隊」としての不足戦力はイタリア軍から接収した突撃砲および突撃榴弾砲(訳注23)で補っていた。この報告では、第26戦車連隊にとって初めての火焔放射戦車を投入しての戦闘は順調に進んだと述べている。

本書28〜29頁の断面透視図のモデルになったこのⅢ号戦車(火焔型)、戦術番号「F24」および、もう1両のⅢ号戦車(火焔型)「F23」はイタリアで捕獲された。このめずらしい車両はアメリカのアバディーン兵器試験場へ送られかなりの年月のあいだ、そこで展示されていた。いまはドイツのコブレンツ博物館に屋内展示されている。

「11月27日の夕方、敵は我が主戦線を突破侵入してモッツァグローニャの街を占領した。第1捜索中隊とともに第65歩兵師団に配属された第1火焔(戦車)中隊は、街からの敵の撃退および主戦線の回復を目標として0500時にモッツァグローニャへの攻撃を行うことになった。明示された中隊への戦闘命令の一部は『第1捜索中隊と共同にて敵空軍の活動活発化以前の黎明時までに街を奪回すべし。損失回避のため、戦車群は暗やみの残るうちにモッツァグローニャの渓谷まで後退する』。

「第7戦車中隊からの1個小隊を配属された第1火焔(戦車)中隊の反撃開始時における戦力は火焔戦車5両、Ⅳ号戦車(7.5cm Kw.K.40 L/48)[48口径7.5cm40式戦車砲付き]4両、Ⅳ号戦車(7.5cm Kw.K. L/24)[24口径7.5cm戦車砲付き]4両、突撃榴弾砲(10.5cm砲、イタリア製)3両、突撃砲(7.5cm砲、イタリア製)3両であった。

「捜索中隊と戦車群の連携に関する短い打ち合わせのあと、0500時ころ、第1火焔(戦車)中隊は反撃行動を開始した。0600時ころには中隊の戦闘部隊群の全部が街の入口付近へ到着、ここで火焔戦車と砲装備型装甲車両群は共同で攻撃に移った。

「この攻撃は敵の不意を衝きその結果として0730時ころには街を奪取することができた。捜索中隊の協力については遺憾なところが多かった。彼らは個々のグループに別れて戦車群への近接防禦をもくろみ、密集した隊形で戦車のあとに続行したがこれがかえって歩兵の損失を多くしてしまったのである。火焔戦車の車長のひとりホフマン曹長は敵が応急に構築した街なかの野戦陣地に対する攻撃の際、頭部に銃弾を受けて戦死した。

「ボック曹長の火焔戦車は野砲弾の命中により起動輪と履帯を破損、行動不能となって放棄された。が、ボック曹長自身が後刻に報告するまで、部隊の上層部はこのことを知らなかった。戦車からの脱出前に彼が送った無線連絡は受信されていなかったのだ。この原因は、至近での砲弾や爆弾炸裂による衝撃波が無線機の機能をだめにしてしまったことにあった。

「撤退行動にあたってはその間の混乱、渋滞を防ぐため、車両群は単車または各個に分散して旧集結地区へ戻るべしとの命令が出された。これで、中隊員の誰ひとりとしてボック曹長の火焔戦車の不在を報告しなかったことに説明がつく。

「勤め」を終えたⅢ号戦車（火焔型）、戦術番号「F24」号車。車室前面増加装甲板に車台番号（Nr. 77651）が書かれている。車体前端上面に増加装甲板が熔接されているのに注意。前面下部に予備履帯を留める横棒は紛失している。
(US Official)

「中隊が撤収してから約1時間ののち、イギリス軍は増援部隊を投入、また、街の上空には敵の戦闘爆撃機が乱舞し始めた。我が捜索中隊は部分的ながら街から撤退した。履帯を修理していたボック曹長は歩兵および機関銃の射撃を受けて初めて火焔戦車を爆破放棄すべき状況にあることを知った。乗員とともに逃げ出した彼は、やがて捜索中隊からの兵士数名と行き会った。ここで、彼と乗員たちは歩兵の仲間に入り、主戦線を奪回するまで戦い続けた。彼らが中隊の集結地へたどりついたのは1700時ころであった。

「第1火焔（戦車）中隊はイギリス軍の大尉1名とインド兵13名を捕虜とした。銃および砲撃そして火焔放射器との戦闘による敵の死傷者は相当数に上るものと思われた。昼間の撤退行動時、戦車群は敵空軍に見つかって執拗な爆撃を受けた。火焔戦車4両、Ⅳ号戦車4両、突撃榴弾砲2両および突撃砲3両がともに軽い損傷を受け、完全な可動状況で残ったのはⅣ号戦車（24口径砲）1両と突撃榴弾砲1両のみであった。損傷した戦車は牽引されて敵戦線から離脱した」

火焔戦車の反撃
16 December 1943

　めずらしい戦闘報告の2番目は第26戦車連隊第2火焔（戦車）中隊とルックデッシェル中尉による1943年12月16日の反撃時の記録である。

「0300時、Ⅲ号火焔戦車5両および突撃榴弾砲（イタリア製、10.5cm砲）2両よりなる第2火焔（戦車）中隊はターク少尉の指揮下で反撃を開始、ルックデッシェル中尉の砲装備型戦車の後方を前進した。オルトナからオルサグナへの道路に沿った戦線を超越ののち、重機関銃火を主体とする敵の熾烈な抵抗に遭遇した。そのすぐのち、敵は道路沿いの両側に凄まじい砲撃を浴びせてきた。

「当初、第2火焔(戦車)中隊は車載機銃による援護射撃で降下猟兵たちの前進を支援しながら道路沿いに進撃した。敵の主抵抗拠点を確認したのち、装甲車両群は道路を外れて左側へ進んだ。このあたりの不整地を踏破しての機動は火焔戦車には『お手のもの』。突撃榴弾砲からの火力支援、砲撃下で火焔放射戦車は敵の歩兵陣地や機銃火点を次々と消していく。あまりの損失に敵の抵抗は潰え去った。

「突撃榴弾砲からの集中砲撃と全戦車からの支援機関銃火は敵に凄まじいほどの出血を強いたのである。」

「暗がりのためにその形式等は不明であったが火焔戦車は敵戦車1両を撃破した。火焔戦車は稲束を被って隠れていた敵戦車にそっと忍び寄り、火焔放射器からの数噴射を浴びせてこれを炎上させたのである。」

「一方、先導戦車群に対する敵の抵抗は対戦車火器の増加によって一層激しさを増した。加えて敵は道路上に地雷を敷設した。この陣地帯は地形障害の関係から迂回通過ができなかったが、火焔戦車は却ってこの遅滞を利用した。火焔戦車は当面する地域で新たな敵歩兵を探し出し、火焔放射と機関銃火をもってこれらの制圧を再開したのである。」

「この戦闘において、中隊の火焔戦車は150回以上の火焔放射を行った。中隊が出撃陣地へ戻ったのは日が暮れてからであった。中隊の損害は火焔戦車2両が修理不能で1両は敵の戦車砲弾が、もう1両は野砲弾が各々直撃したのである。軍曹1名と兵1名が負傷、軍曹1名が行方不明となった」

東部戦線のⅢ号戦車(火焔型)
Eastern Front

東部戦線での使用例としては第36戦車連隊(訳注24)が1944年1月31日、その火焔戦車小隊を投入した際の体験報告から引用する。

「連隊の火焔戦車小隊が実戦に投入されたのはたった2回だけである。これの主な目的は複雑な構造の敵陣地に籠った敵兵の撲滅にあったのだが、結果は思わしくなかった。通常の砲装備型戦車群による支援はあったものの、大量の対戦車銃(訳注25)を使用するロシア軍、そして東部戦線南部戦区の地勢(遮蔽物のない広大な平地帯)が火焔戦車の損失の原因となった。初回の戦闘時、対戦車砲および対戦車銃によって2両の火焔戦車が破壊された。火焔を放射する火焔戦車は遠くからでもよく見えたので、敵の遠距離射撃を自動的に呼び込むかたちとなった。比較的に薄い装甲と破損しやすい火焔放射筒は、火焔戦車が損傷なしで任務遂行に集中することの妨げとなった。

「これらのことから、火焔戦車は適切な遮蔽物のある地形(東部戦線の中央および北部戦区)での使用時のみ成果が期待できた。なおかつその成果は防禦側の火器類を無力化して火焔放射器の有効射程へと前進した場合のみに可能であった。だから二重装甲およびシュルツェン(間隔外装式の補助装甲板)を装着して防禦力の向上を計ったのは当然の成り行きといえる。

「実戦投入に関してわずかながらも可能性を認めた(とくに東部戦線の南部戦区においては)連隊では、残存する火焔戦車を通常の砲装備型戦車の補助としておもに市街地での守備任務に使用した。それから現在まで、明確な技術的問題等は何ら起こっていない」

この報告書は第14戦車師団司令部から第47戦車軍団司令部を通じてグデーリアン将軍(機甲兵科総監)に送られたが、その際、次のような解説も付記されている。

「火焔戦車小隊は有効には使用し得なかった。火焔戦車は戦車連隊の残部とともに使用することはできない。現在の状況下では戦車の攻撃隊形が必要とする従深を取り得ない。日々の可動戦車数は12ないし20両に過ぎず、歩兵の数量も不充分なままである」

訳注24:第14戦車師団の所属。

訳注25:対戦車銃は、成形炸薬弾頭の携帯式ロケット弾、いわゆるバズーカ砲の類が開発される以前の、歩兵の対戦車手段のひとつ。小火器としては比較的大口径、長銃身のライフル銃から高初速の実体弾を発射し、近距離から戦車の弱点や弱装甲部を狙撃破壊するのがその意図であった。特にソ連軍が多用した14.5mm対戦車銃は、単発ながら大きな貫徹力をもち(数十m以内ならドイツ戦車の30mm装甲を貫通した)、扉や視視孔(クラッペ)類がわりあいと多い初期型ドイツ戦車の強敵となった。

カラー・イラスト

解説は46頁から

図版A1：II号戦車(火焔)(Sd.Kfz.122)B型
ロシア 1941年12月

図版A2：B2戦車(火焔) 第102(火焔)戦車大隊
ロシア 1941

A

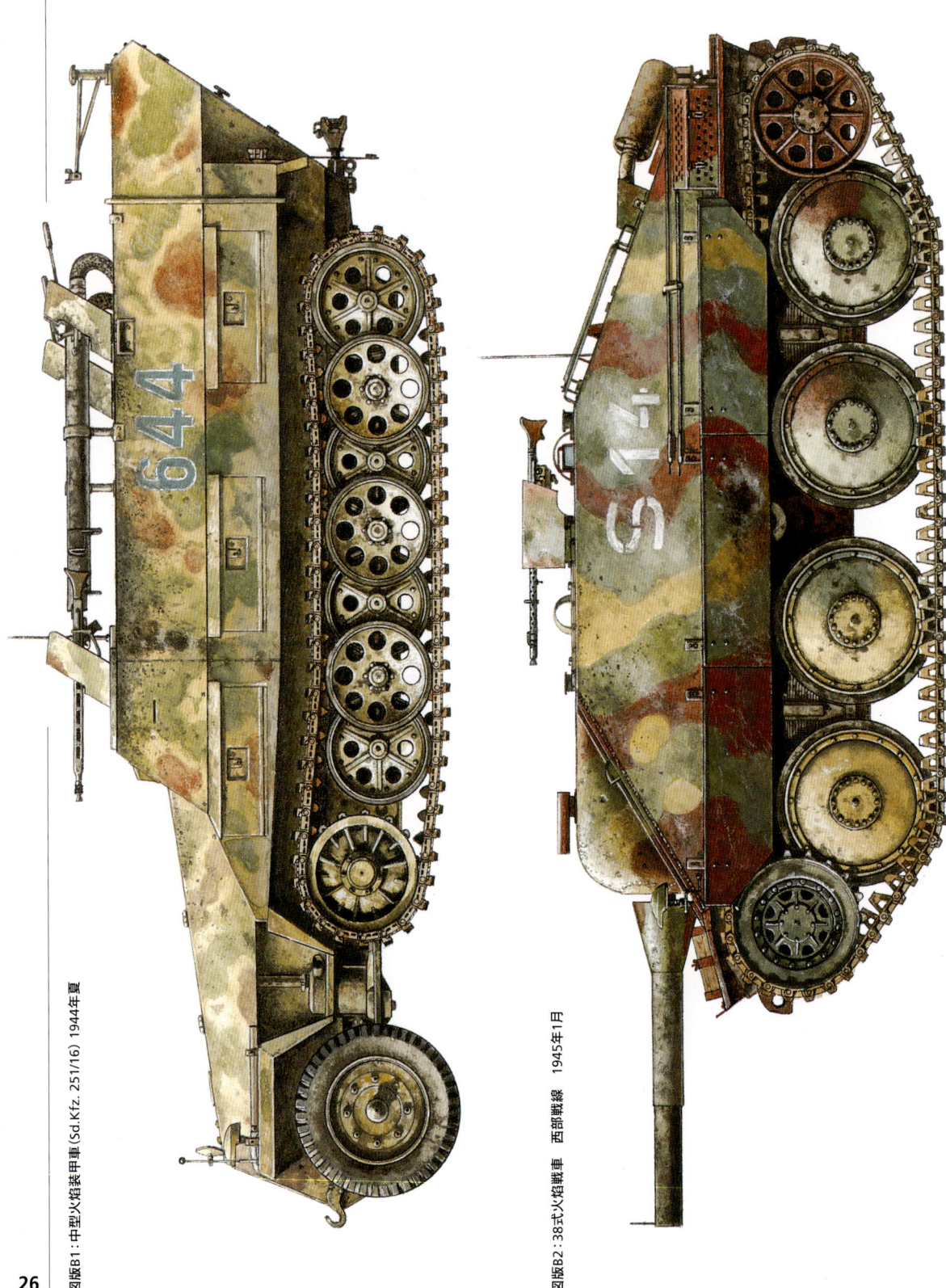

図版B1：中型火焔装甲車（Sd.Kfz. 251/16） 1944年夏

図版B2：38式火焔戦車 西部戦線 1945年1月

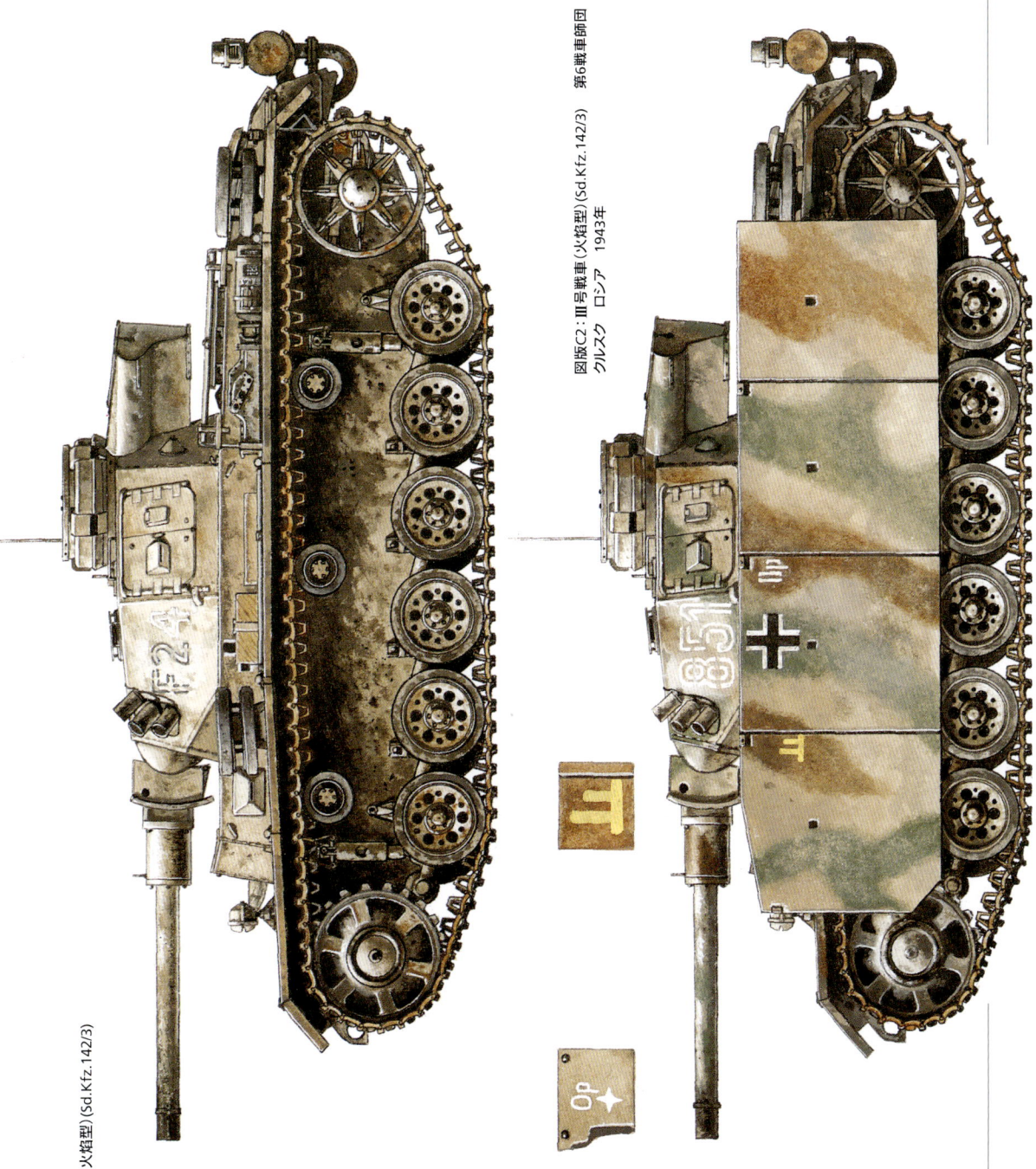

図版C1: III号戦車（火焔型）(Sd.Kfz.142/3) イタリア 1943年

図版C2: III号戦車（火焔型）(Sd.Kfz.142/3) 第6戦車師団 クルスク ロシア 1943年

図版D:
III号戦車（火焔型）(Sd.Kfz.142/3)
イタリア　1943年

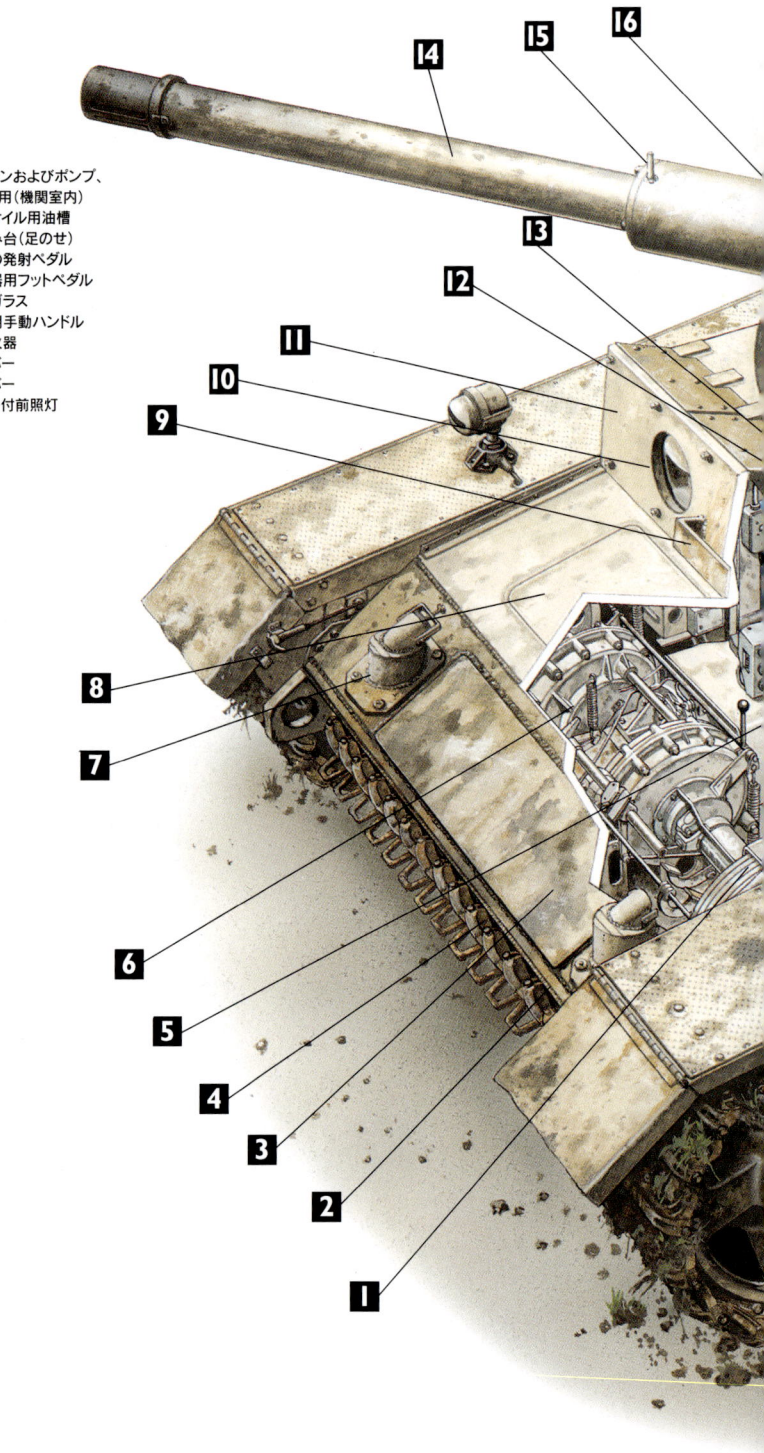

各部名称
1. 操向ブレーキ
2. 前面下部50mm装甲板に熔接された30mm増加装甲板
3. 前面上部50mm装甲板に熔接された30mm増加装甲板
4. 予備履帯
5. SSG 77変速機
6. 操向器ユニット
7. 冷却気取入口
8. 嵌合（かんごう）式点検ハッチ
9. 予備履帯ラック
10. 機銃球形銃架
11. 間隔式20mm装甲板
12. 機銃手前面50mm装甲板
13. 無線機ラック
14. 火焔放射器
15. 車長用簡易照星
16. 防楯前面の間隔式20mm装甲板
17. 発煙筒発射器
18. 俯仰用扇形歯車セット
19. 砲平衡用スプリングの取付架（戦車砲用）
20. 防楯／火焔放射器の平衡用錘
21. 火焔オイル用パイプ（送油管）
22. 換気扇の装甲カバー
23. 火焔オイル用圧力計
24. 火焔放射器俯仰用ハンドル（手動）
25. 右側火焔オイル用油槽
26. 司令塔
27. 司令塔覘視孔の装甲シャッター
28. 戦闘室と機関室間の防火隔壁
29. 砲塔後面の拳銃孔
30. 雑具収納箱
31. 機関室のマイバッハHL120主エンジン
32. 潜水用反跳弁付きの排気消音器
33. 防水シールカバー付きの吸気口
34. 消火器
35. ジャッキ
36. 砲塔リング連動方位盤の作動シャフト
37. 防毒面（ガスマスク）ケース
38. 車長席
39. 工具箱
40. 金てこ
41. 補助エンジンおよびポンプ、火焔オイル用（機関室内）
42. 左側火焔オイル用油槽
43. 車長用踏み台（足のせ）
44. 同軸機銃の発射ペダル
45. 火焔放射器用フットペダル
46. 予備防弾ガラス
47. 砲塔旋回用手動ハンドル
48. 砲塔の消火器
49. 操行用レバー
50. 変速用レバー
51. 管制カバー付前照灯

仕様
車体長：6.14m
車体全幅：2.97m
車体全高：2.50m
最低地上高：0.38m
戦闘重量：23.8t
燃料容量：310リッター
最高速度：40km/h
巡航速度（路上）：25km/h
最大速度（路外）：15km/h
航続距離（路上）：155km
航続距離（路外）：95km
登坂力：30°
超堤高：0.60m
超壕幅：2.00m
渡渉水深：0.80m
接地圧：1.04kg/cm²
出力重量比：11.5PS（メートル馬力）/t

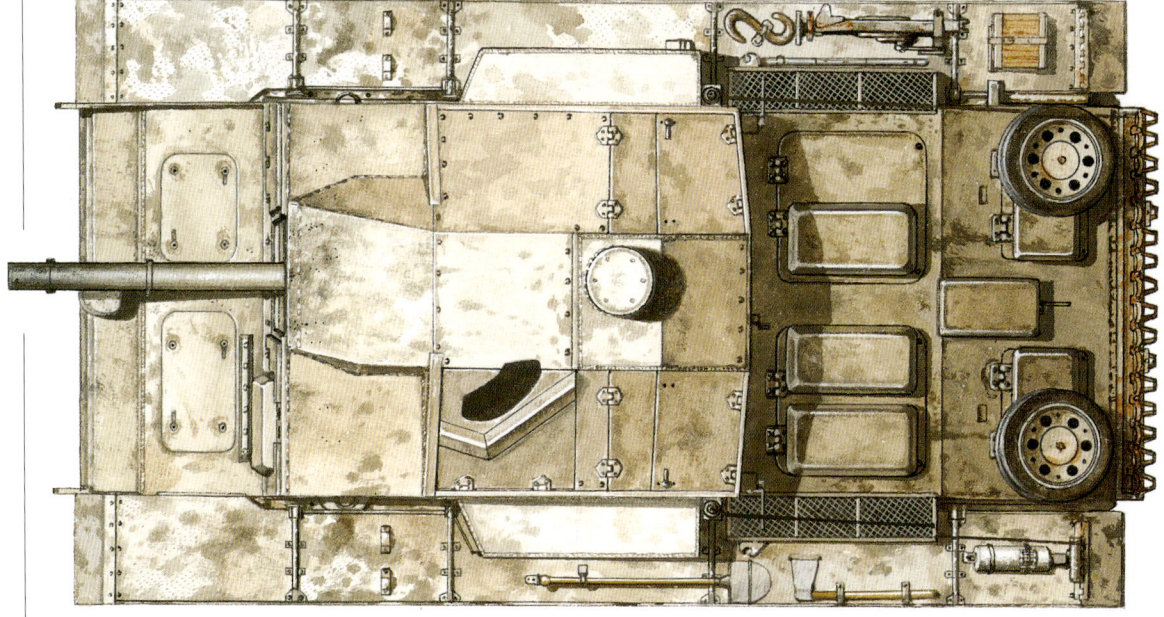

図版E：突撃砲（火焔型）
第Ⅰ機甲兵科学校
ドイツ　1943年

E

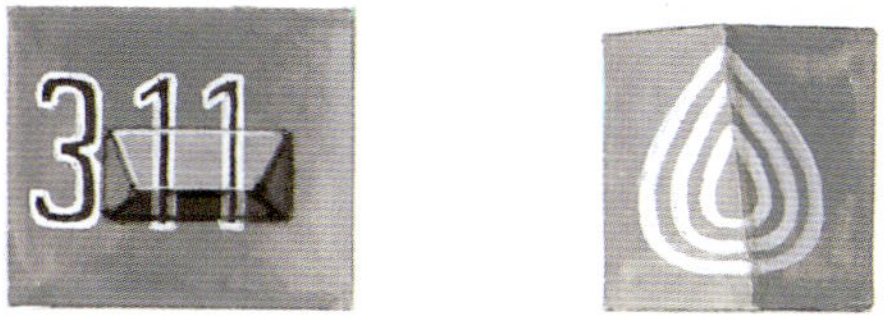

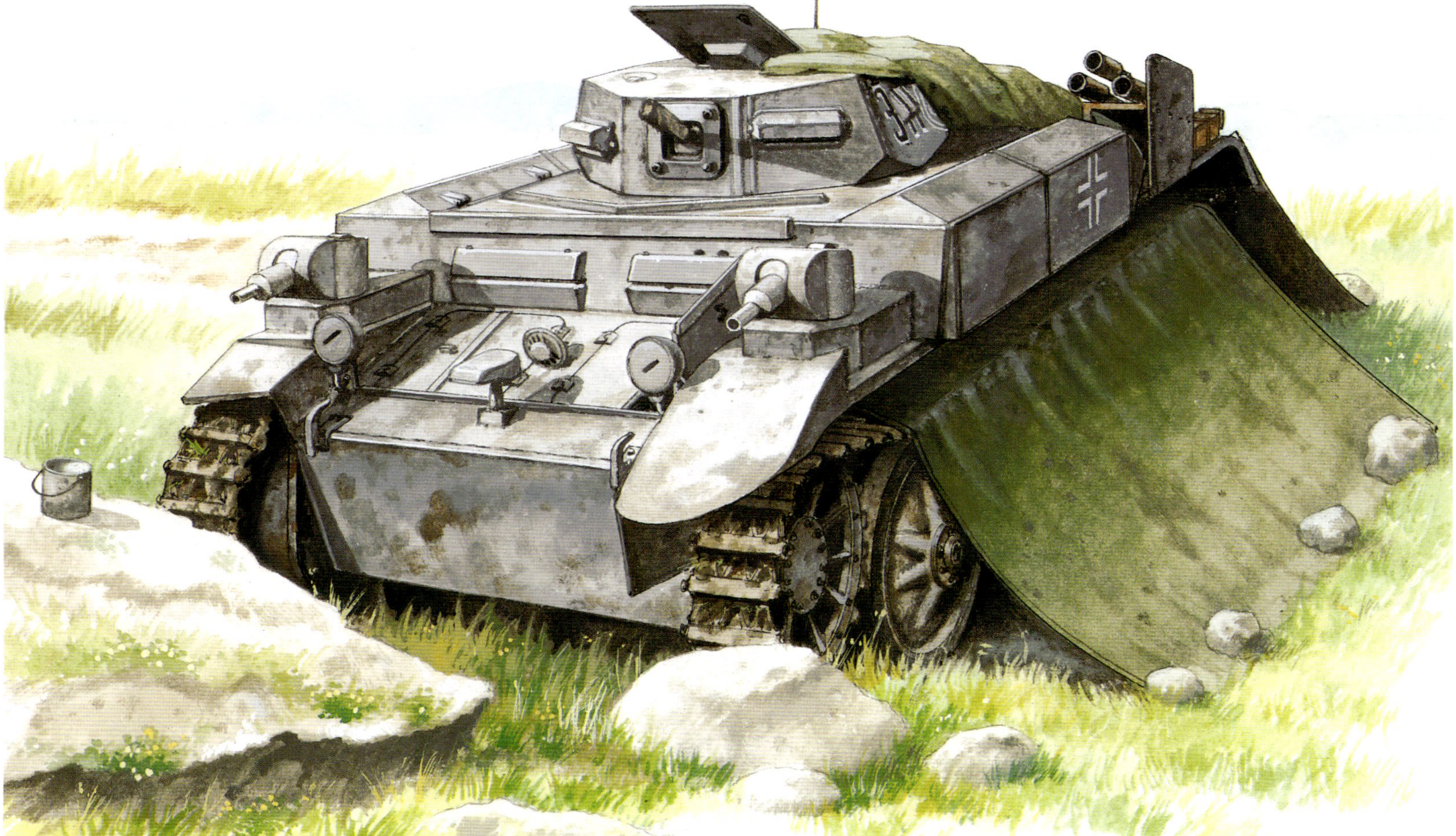

図版F：Ⅱ号戦車（火焔）（Sd.Kfz.122）
第100（火焔）戦車大隊 ロシア 1941年

図版G：B2戦車（火焔）　SS第7義勇山岳兵師団「プリンツ・オイゲン」
ユーゴスラビア　5月　1943年

その後のⅢ号戦車（火焔型）
10 April 1945

　1944年内におけるその他の作戦行動で可動火焔戦車の数量は逐次減少、1944年6月1日の第26戦車師団のそれは6両のみと報告されている。4両の火焔戦車は大修理を要するとして兵器廠へ送り返されたが、これはその車台を突撃砲用に改修するためであった。大量の火焔戦車（少なくとも20ないし30両）を特殊作戦用として完備せよとの1944年11月27日のヒットラーの命令に応じて、少なくとも10両のⅢ号戦車（火焔型）が再整備された。これら10両のⅢ号火焔戦車は新しく編成された第351火焔戦車中隊に配備された。

　1945年1月6日のグデーリアン大将による南部軍集団への通達では第351火焔戦車中隊はブダペストにおいて戦闘準備完了とされており、また将軍は同中隊については戦車連隊または戦車大隊に配属させるべきであるとも提案している。1945年4月10日、いまだ南部軍集団麾下で戦っていた第351火焔戦車中隊は可動4両に加えて要修理状態のⅢ号戦車（火焔型）1両を保有と報告している。

STUG-Ⅰ（Flamm）

突撃砲Ⅰ（火焔放射型）──火焔放射型突撃砲

突撃砲-1型。この突撃砲（火焔型）はⅢ号戦車（火焔型）に使用された放射機構を改装した突撃砲に搭載して造られた。このめずらしい突撃砲（火焔型）は、修理再生した突撃砲F/8型を母体としている。

　1943年12月1日から3日におけるヒットラーを交えての協議の際、火焔放射器付き突撃砲を単独のシリーズで10両だけ造ることが決定した。当初は、最新の生産ラインからの新品突撃砲10両を改装、シュヴァデ式火焔放射装置を搭載する予定であったが、結局、新品車両ではなく大修理と全体整備（オーバーホール）のために兵器局へ戻されてきた旧い突撃砲の車台10両分が突撃砲（火焔型）用として使われることになった。兵器局の原簿の記録によれば、突撃

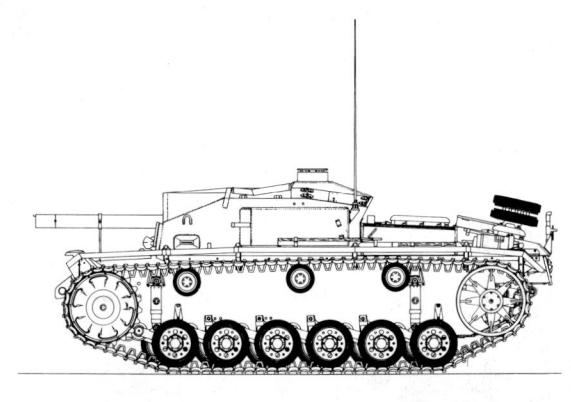
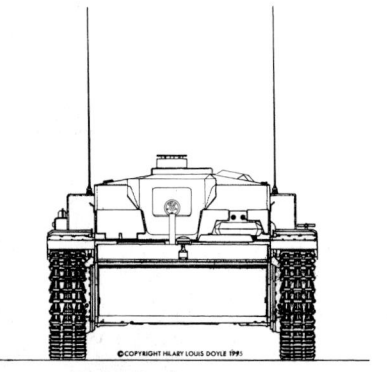
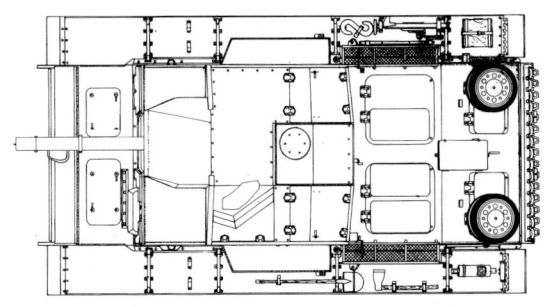
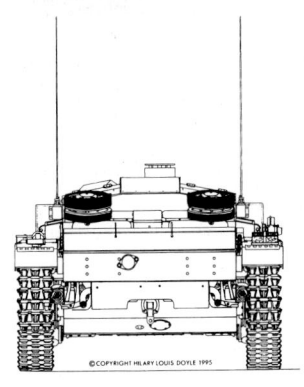

Ⅲ号突撃砲（火焔型）四面図。1/76スケール。(Author)

砲（火焔型）9両は1943年5月に「修理済み」として兵器廠に引き渡され、最後の1両も1943年6月に引き渡されている。

　これら10両の突撃砲（火焔型）は第Ⅰ機甲兵科学校（Panzertruppenschule）に配備と決まり、1943年6月29日、貨車輸送にて同校へと向かった。この配備記録によると突撃砲（火焔型）10両中の1両が失火により全焼したとある。この1両は1943年7月中に兵器廠へ返送され修理ののち同年9月には学校へ戻された。これら10両の突撃砲が実戦で使用されたという記録は見つかっていない。

　1944年1月、全10両は兵器廠へ返還されて2月に7両が、3月に1両が、そして4月に2両が通常型の突撃砲（40式7.5cm48口径突撃加農砲搭載）に改修された。

Schützen-Panzer-Wagen 251/16

Sd.Kfz.251/16

仕様と特徴
Description and Specifications

　B2戦車（火焔）用に開発されたのと略同型の火焔放射装置が中型装甲兵車（Sd.Kfz.251）にも搭載された。このケーベ式火焔放射装置（Flammanlage Bauart Koebe）は放射用圧力源としてDKW 2サイクルエンジンで駆動するケ

表6：中型火焔（放射）装甲車 仕様

車体長	5.80m
車体全幅	2.10m
車体全高	2.10m
最低地上高	0.32m
戦闘重量	8.62t
燃料容量	160リッター
最高速度	50km/h
航続距離（路上）	300km
航続距離（路外）	150km
登坂力	24°
超壕幅	2.00m
渡渉水深	0.50m
出力重量比	11.6PS（メートル馬力）/t

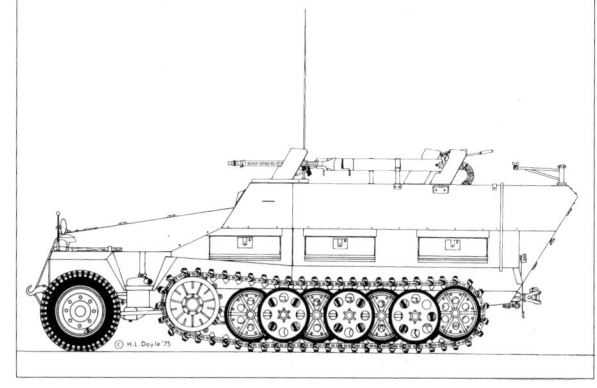

上右● (Sd.Kfz.251)C型の中型装甲車仕様を母体とするSd.Kfz.251/16を後方から見たところ。後部扉が開いているので、補助エンジンやポンプの状態がよく判る。(Tank Museum)

上左● Sd.Kfz.251/16初期型用の補助エンジンと燃料ポンプユニット。車両に搭載する前の状態でケーベ社工場にて撮影。(Author)

右●中型火焔(放射)装甲車(Sd.Kfz.251/16)左側面図。1/76スケール。(Author)

ーベ製ポンプを使用する。各々に防弾板を備える14mm径の放射筒は2基で、これには即時作動式閉鎖弁および噴射口キャップが付けられている。ほかに7mm径の携帯式放射筒もあり、これには10m長のホースおよび10m延長用予備ホースが付く。火焔放射油用の箱形油槽は2個で開閉バルブ付きの共同配管で放射筒に接続される。車両の全備重量は標準型に比べて850kg増加した。

防弾板付きの14mm径放射筒2基は車両の左右に後方へ向けて搭載されたが、これらの側方装備式火焔放射器は各々160度の旋回が可能であった。自在ホース付きの携帯式7mm径放射筒は車両の後部(扉)に巻いた状態で格納された。燃料槽は2基(1基は左後部側壁の内側に、もう1基は右後部側壁の内側に搭載)で、放射用のNr.19火焔用油を合計700リッター積める。両側部の主火焔放射器2基を使用した場合、火焔用油の消費量は1秒間に8リッターだから先の燃料油量は1秒放射約80回を可能とする。

側方の14mm径火焔放射器を別個に使用した場合、火焔用油は無着火で50m飛ぶ(着火時は60m)。これが2基同時使用となると圧力の低下により射程は短くなる。ケーベ式ポンプによる圧力はバルブ閉鎖時には15気圧に達するが、14mm放射筒1基による放射を毎秒8リッターの割合で行えば圧力は13気圧に下がる。ケーベ製HL II 40/40 1000/200型ポンプは1100cc、28PSのアウト=ウニオン(DKW)ZW 1101、2サイクルエンジン(混合油式)によって駆動される。このDKWエンジン用には2時間の全開運転を可能とする25リッターの燃料が用意されていた。

14mm径放射器から噴射される火焔用油への点火は筒口の特殊点火栓(シュペツィアル=ツュンドケルツェン/Spezial-Zündkerzen)により行われた。携帯式7mm径放射器の場合、噴射油への点火はカートリッジ(薬包)式(マウザー=パトローネン/Mauser-Patronen)であ

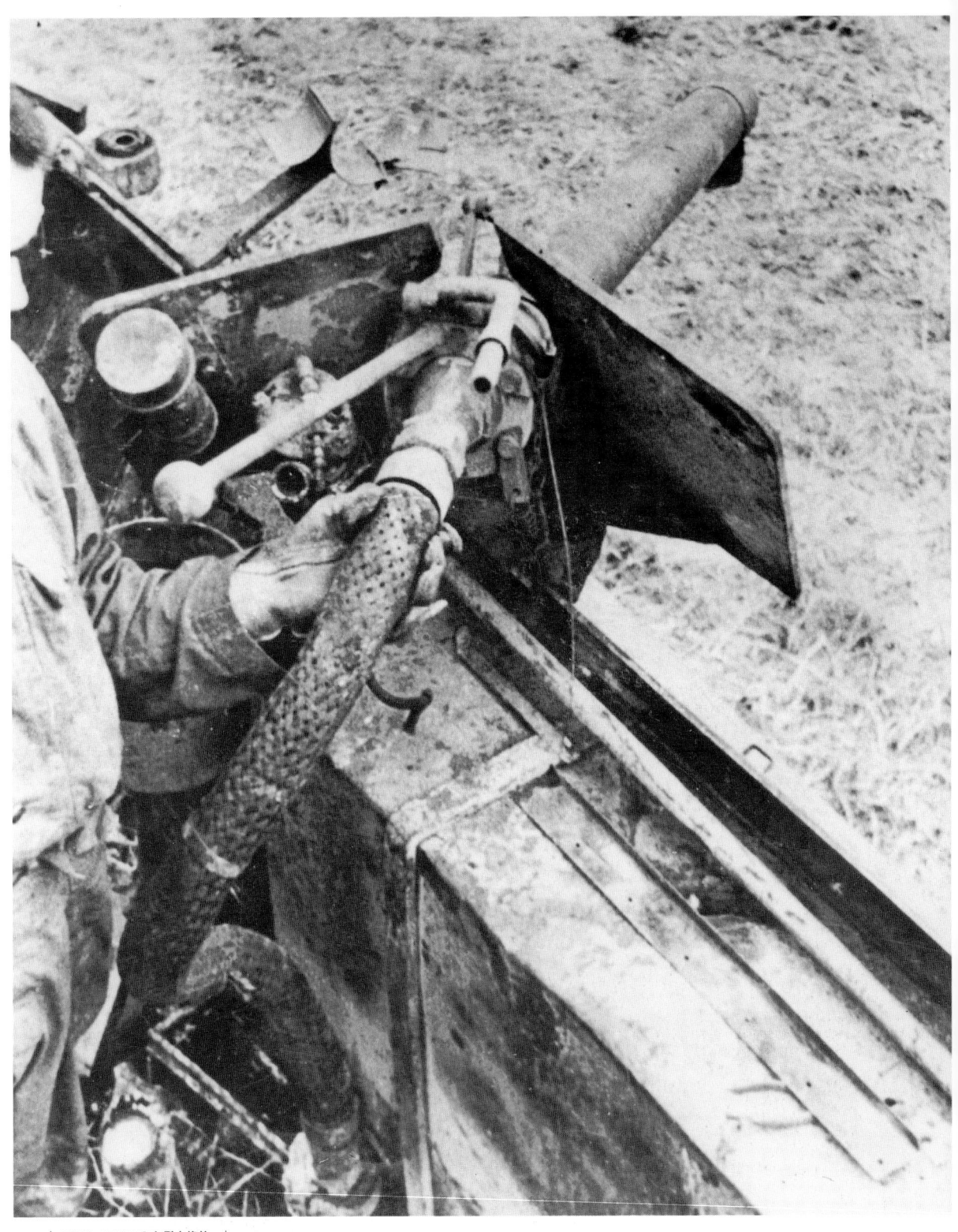

Sd.Kfz.251/16の右側火焔放射筒の詳細。火焔放射器用燃料は放射筒下側の油槽に入れられていた。(Tank Museum)

った。
　実用教範D546/4によるとこの火焔放射機構は1944年5月にいくつかの改修が成されている。側部搭載の2基の14mm径放射器の筒口は再設計され、以前のガソリン〜電気式点火装置に代わって新しい薬包(空砲)式の火焔油点火機構が装着された。この新型薬包式放射筒には空砲25発の入った弾倉が挿入できるようになっていた。加えて防弾板形状も改修され、7mm径携帯式放射器は廃止された。また、乗員室前上面にはMG34(34式機銃)1挺が防弾板付きの銃架とともに搭載された。乗員用の携帯火器はMP38(38式機関短銃)が2挺で、弾丸は機関短銃用1024発、機銃用2010発搭載がこの車両の規準であった。
　車重8.62トンのこの火焔(放射)装甲車(フラムパンツァーヴァーゲン／Flammpanzerwagen)の乗員は4名、車長(フラムフューラー／Flammführer)は指揮のほか

Sd.Kfz.251/16は車体の左右に各1基ずつの14mm径放射器を搭載、延長ホース付きの7mm径(携帯)放射器を後部に積んだ。(Author)

中型装甲兵車D型を母体とするSd.Kfz.251/16。1944年5月には放射筒と防弾板が改修され、着火は空包点火方式になった。携帯式の放射器は廃止された。(Bundesarchiv)

Sd.Kfz.251/16後期型放射筒と防弾板のクローズアップ。(Bundesarchiv)

に「f」型無線機の通信士と機銃手も兼ねる。火焔放射器の操作は各基に1名ずつの火焔放射兵(フラムシュッツェン／Flammschützen)計2名が付いて行う。残る1名は操縦手で、前左側の操縦席に座る。

　車体の装甲防禦は前面が14.5mm、側面および後面が8mm厚の装甲板で構成される。これによって小火器(8mm径およびそれ以下)徹甲弾に対しては全射程において抗堪し得る防御力をもつ。このHKL6車体はハノーファーのハノマグ(Hanomag)社によって設計された。

　本車の動力源は水冷式6気筒(排気量)4.198リッターのガソリンエンジン、マイバッハHL42 TUKRMで、これは毎分3000回転で100PSの出力を発揮する。変速機は高低切換式の4段でエンジン出力はこの変速機から遊星歯車および操向ブレーキ機構を経て最終減速機、起動輪へと伝わり履帯を駆動する。転輪は左右各々6ずつで懸架機構は各転輪ごとに付けられたトーションバーによる独立式であった。

生産
Production

　中型火焔(放射)装甲車の生産は兵器局による1943年1月の報告書に初めて記録されているが、1943年1月から7月までのあいだに96両の完成を報告したのち、兵器局は生産台数の記録を中止してしまった。が、これは別に異例なことではない。1939年から1945年にかけての生産期間のほとんどにおいて、兵器局は各月ごとに生産ラインを出たSd.Kfz.251の各派生型の数量報告でさえも行っていないからである。

　1944年10月1日付の計画書にはSd.Kfz.251/16をゲーリッツのヴュマグ(Wümag)社で組み立てること、および1944年10月から1945年5月までのあいだの生産計画案が示されている。Sd.Kfz.251の各月ごとの総生産数の報告に加えて、1944年9月をもっての開始で、兵器局は軍への引き渡しを承認した数種の派生型の数量を報告している。1944年9月1日の時点において、在庫表ではSd.Kfz.251/16は総計で293両と記録されている。これは完全に可動するSd.Kfz.251/16が1943年8月から1944年8月までのあいだに、少なくとも200両は生産されていたことを示している。

編制および戦闘報告
Organisation and Combat Reports

　1943年時、当初、機甲擲弾兵連隊(装甲化)の本部中隊に配属された火焔放射小隊(Flamm-Zug)に6両のSd.Kfz.251/16が支給された。1943年8月1日付のK.St.N.1130による編制のこの火焔放射小隊(装甲化)は付属部隊と表記されていた。この編制分類は1943年11月1日付のK.St.N.1104(装甲化)に準拠して、同部隊が中型火焔放射装甲車(Sd.Kfz.251/16)6両をもつ第2(火焔放射)小隊として機甲擲弾兵連隊(装甲化)本部および本部中隊の固有編制に取り入れられたことにより変更となった。

　1944年の初頭、この火焔放射小隊は連隊本部中隊の編制から外された。1944年11月1日および4月1日付のK.St.N.1118Bによって、6両の火焔放射装甲車(Sd.Kfz.251/16)は機甲擲弾兵連隊(装甲化)の機甲工兵中隊第4(火焔放射)小隊(装甲化)に配備された。最初から最後まで各機甲擲弾兵連隊(装甲化)への編制を認可されたSd.Kfz.251/16の数量は6両のみであった。つまり、機甲擲弾兵連隊(装甲化)2個をもつ戦車教導師団のような特別な例を除いて、各戦車師団に配備を許されたSd.Kfz.251/16は6両だけだったのである。

　新規のK.St.N.が発布されても部隊はそれに拠る編制の自動的変更、またはその結果としての新型車両類の支給を受けられるわけではなかった。編制の変更を認可する特定の命令は、陸軍総司令部の編成局によって作製されたものであり、また、車両類自体は陸軍軍需局長らの別種の命令によって兵器廠から支給されからである。1943年のはじまりとともに、追加のSd.Kfz.251/16による新しい火焔放射小隊の編制に適合するよう古い手続きは中断された。だが、これは緩慢なやりかたであった。1944年のなかごろになってもSd.Kfz.251/16装備の火焔放射小隊をもつのは戦車師団の約半数にすぎなかったが、1944年7月から9月にかけて編成された独立戦車旅団はその編制内の機甲擲弾兵～工兵中隊にSd.Kfz.251/16 6両装備の火焔放射小隊をもつことを許されていた。

　機甲擲弾兵連隊「グロースドイチュラント」の連隊本部中隊は1943年6月27日以来、中型火焔放射装甲車6両の戦力をもつ火焔放射小隊を保有していた。1944年2月1日、機甲擲弾兵師団「グロースドイチュラント」は中型火焔放射装甲車(Sd.Kfz.251/16)をともなう同師団の実戦経験に基づく報告を行っている。以下は14項目にもわたるその内容である。

　A．戦術：「中型火焔放射装甲車は戦意旺盛且つ鋭い観察力のある小隊長の手により適正に運用される場合、相当に有効なる兵器であることが立証された。乗員達の習熟度及び経験の累積と共に戦果の拡大が期待される。

　「戦車の攻撃に付随して運用する場合、それらからの命中弾がたちどころに火焔放射装甲車を戦闘不能としてしまう敵戦車群及び対戦車砲類の排除には特別の注意を払わねばならない。この手の戦闘行動では同様な基本戦術を原則的に適応させることが他のSd.Kfz.251の運用成果をも左右する。

　「戦車攻撃への投入は火焔放射装甲車の役割とするところではない。通常、火焔放射小隊は最終予備として連隊長の手元に控置しておくべきである。最良の戦果は支援兵器類の援助なしで迅速且つ果敢な指揮、攻撃を遂行した場合に達成される。

　「我が陣地内へ侵入した敵(徒歩兵の集団)に対する奇襲攻撃に於いては全火焔放射装甲車を以ての火焔放射の威力を存分に発揮することが非常に効果的であると立証された。これは敵が周

このSd.Kfz.251/16の乗員は火焔放射部隊に支給された特製の防火服を着用している。車両はSS第1戦車師団「ライブシュタンダルテ・アードルフ・ヒットラー」の所属。
(Bundesarchiv)

囲の地形状況に熟知せずまた、その対戦車砲や対戦車銃を配置できずにいる内の迅速なる逆襲ではまぎれもない事実である。45分間続いた戦闘で、無謀ともいえる攻撃は比類無き戦果を上げた。敵兵80名は焼死、20名は負傷、そして20名は捕虜となった。残りの敵兵達は武器を放り投げて一目散に逃走したのである。

「夜間における火焔放射装甲車の投入は特に効果的である。夜間の戦場では火焔の噴出によってその位置を暴露するにも拘わらず、火焔放射装甲車が戦闘で対戦車砲弾の命中により撃破されることは極めて希であった。火焔の強烈な光芒が敵対戦車砲手による射距離及び目標実体の判定を誤らせる一因となるからである。

「火焔放射器は夜間には敵の士気を喪失させるのに多大な効果を持つ。更に味方の攻撃軍の為に戦場を照らすという副次的効果もある。数度の夜襲ではこれが弱体な敵兵力の完璧な排除の実質的成功の基となった。火焔放射装甲車は又、トウモロコシやヒマワリ畑での戦闘においても有効であることが証明された。

「加うるに、可能な限り多くの強烈な機関短銃及び手榴弾(弾薬)の支援が必要である。基本戦術規定に則れば火焔放射小隊による攻撃は迅速果敢且つ奇襲でなければならない。火焔放射器、手榴弾及び機関短銃を総動員しての強襲突撃は敏速な斥候班に続行するを要する。そこには火焔放射小隊の指揮官が十分に考慮して選ぶ余地など決して存在しないからである」

　B. 戦術:「火焔放射装甲車の後部に携帯式火焔放射器を搭載する必要性は皆無である。2基の主火焔放射器の射界は広いが、車両自体の旋回が更にこれを広げて掩蔽壕の開口部、地下壕入口又は遮蔽されたキツネ穴／タコツボ(単兵壕)等、いかなる目標にも十分な威力を発揮する。もし、戦闘中に主火焔放射器の1基が操作不能となってもこれを銃架から外して手持ちの火焔放射器として使うには長過ぎ、大きすぎる。この場合、手の空いた乗員達は即ちに手榴弾や機関短銃を以ての攻撃に転じ、貴重な時間を火焔放射装甲車が撃ちもらした敵の撲滅に充てるべきである。

「機銃の防弾板に当たって跳ね返った多数の小火器弾のために乗員による火焔放射器の操作が不能となる。防弾板の幅を20cm広げれば乗員の負傷を減らせるであろう。

「支援の戦車や突撃砲との連絡をとる為に、小隊長には2組み目の受信用無線機セットが必要である。

「火焔放射器による士気喪失効果をより拡大する為に大音響のサイレンの装備を提案する。サイレンの動力源としてはポンプ式モーターを使う。

　換気が不十分な為に、夏季の行軍では主エンジンが過熱(オーバーヒート)する。機関室上面のハッチを開放しても過熱は解消しない。戦闘中は閉鎖し得る構造の開口部を前面装甲板に更に設置することを提案する」

Flammpanzer 38

38式火焔戦車

右頁上●この38式火焔戦車は火焔放射器の壊れやすい外筒が無傷のまま付いている。操作手用のペリスコープは球形防楯基部の上面に装着されていた。(US Official)

　1944年11月27日、ヒットラーは特別な作業によって多数の火焔放射戦車を(少なくとも20～30両)完成させよとの命令を下した。翌日、ヒットラーは続く3日のうちに、転用できる戦車および突撃砲を以て何両の火焔(放射)戦車を完成し得るか早急に決定せよと命じた。12月3日、ヒットラーは下命した火焔(放射)器作業計画に沿って合計35両の火焔(放射)戦

38式火焔戦車左側面図。1/76 スケール。

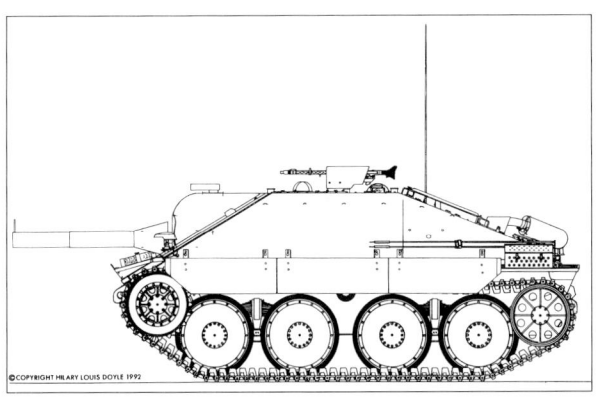

表7：38式火焔戦車 仕様	
車体長	4.87m
車体全幅	2.63m
車体全高	2.10m
最低地上高	0.38m
戦闘重量	13.5t
燃料容量	320リッター
最高速度	40km/h
巡航速度(路上)	30km/h
最大速度(路外)	15km/h
航続距離(路上)	180km
航続距離(路外)	130km
登坂力	25°
超堤高	0.65m
超壕幅	1.30m
渡渉水深	0.90m
接地圧	0.78kg/c㎡
出力重量比	11.8PS（メートル馬力)/t

車が使えるであろうとの報告を受け取った。そのほかにⅢ号火焔(放射)戦車少なくとも10両が改良再整備されまた、38式駆逐戦車(Jagdpanzer 38)20両が38式火焔(放射)戦車へ改造するために選び出された。

20両の38式駆逐戦車は1944年12月8日、火焔(放射)戦車への改造のため生産工場から直接改造作業所へ引き渡された。米軍によって鹵獲された38式火焔(放射)戦車の車体番号がFgst.Nr.322091であることから、この車体は1944年12月に完成したものであると判る。

1945年1月3日、単一シリーズの38式火焔(放射)戦車およびⅢ号火焔放射戦車の写真がヒットラーに提示された。

特徴と性能
Description and Specifications

ケーベ式火焔放射器は車体前面の回転式架台に搭載されたが、上下左右への可動範囲(射界)はごく限られていた。60～70回の噴射を想定して火焔用油の油槽は容量700リッターとされた。放射用推力はポンプによる加圧式で火焔用油への点火はカートリッジ

（薬包）式であった。戦闘室天井には奇抜な構造のペリスコープ付きボタン発射式機銃架を装着、MG34 1挺がこれに備わる。車重は13.5トン、乗員は4名であった。装甲防禦は車体前面が60mm厚、側面および後面が20mm厚の装甲板で構成される。大きく傾斜した前面装甲板は前方からの戦車砲弾、対戦車砲弾に対して相当な防禦力をもつが、側面等は小火器徹甲弾および砲弾片に抗堪するにすぎない。車台そのものは通常型の38式駆逐戦車と同一であった。つまり、動力源は水冷6気筒7.754リッターのプラガAC型ガソリンエンジンで、出力は最高160PS/2600回転。この出力は半自動の5段変速機を経てウィルソン型クラッチおよび操向ブレーキ装置を通り最終減速機、起動輪へと伝わって履帯を駆動する。片側4枚ずつの大直径転輪は2枚が1組となって板ばね式の懸架装置に組み付けられていた。

編制および実働記録
Organisation and Experience Report

　1944年12月26日付のG軍集団の報告によれば、各々、火焰放射戦車10両から成る火焰（放射）戦車中隊（Flamm-Panzer-Kompanie）2個がツヴァイブリュッケンに輸送されたとある。第352機甲火焰（放射）中隊（Panzer-Flamm-Kompanie）は12月25日に前進を開始、第353機甲火焰（放射）中隊は12月30日に前進を開始した。両火焰（放射）戦車中隊（Flamm-Panzer-Kompanie）のための最初の作戦行動として計画されたのは、「北風」作戦への投入であり、俗にいうアルデンヌ攻勢へのそれは誤報である（訳注26）。

　1944年12月31日、G軍集団から第1軍司令部へ第352および第353機甲火焰（放射）中隊の運用に関する通達が出された。以下はその指示内容である。

　1. 機甲火焰中隊第352および第353はケーベ式機構付きの38(t)式装甲火焰車（Panzer-Flamm-Wagen 38(t)）（火焰放射戦車）を各々10両ずつ装備する。火焰放射器の射程は35mである。
　2. この兵器の技術的能力等からその威力を勘案するに、これ等は集結しての使用にのみ適する。
　3. 戦術原則については小冊子（パンフレット）のNo. 75/1および75/2に記載する。
　4. 例外を除き、機甲火焰中隊は戦車連隊又は戦車大隊等に配属するを可とする。
　5. 分割しての使用は厳禁する。

アメリカ軍に捕獲された38式火焰戦車の側面。これらの火焰戦車は1944年にプラハのBMM社で製造された38式駆逐戦車20両を改装して造られた。火焰放射器の機構はSd.Kfz.251/16用に開発された空包点火方式のそれと同一仕様であった。（US Official）

訳注26：ここでいうアルデンヌ攻勢とは文字通りアルデンヌ地区で1944年12月16日に発起された「ラインの守り」作戦のこと。「北風」作戦はその第2段階にあたるもので、アルザス地区で発起された。

訳注27：通常の7.5cm砲に見せる。

次に、第352機甲火焔中隊から提出された38式火焔戦車の使用に関する体験報告を掲載する。日付は1945年2月23日である。

第5戦車大隊(第25機甲擲弾兵師団)に配属された第352機甲火焔中隊はハッテンへの攻撃における戦闘で初めて使用された。38式火焔戦車7両およびその将校の全員をすでに失っていた第353機甲火焔中隊の残部は、この時には第352中隊に吸収されていた。この戦闘のあいだ、火焔戦車はおもに野戦陣地及び掩蔽壕に対して使用された。そのうえ、火焔戦車は援護の歩兵や随伴戦車なしでハッテンの村を急襲した。

「2回目の作戦行動はリッタースホーフェンでの市街戦だったが、ここで敵の戦車と対戦車砲によって火焔戦車2両が撃破された。さらに1両が地雷にひっかかったが、この戦車は回収後に放棄された。この火焔戦車に敵火が集中し修理不能なほどに壊れてしまったからである。ここでの戦訓を次に記す。

1. 38式駆逐戦車(Jagdpanzer 38)は熟達した自動車設計技術で地勢を克服し得る能力をもつ。その姿勢は低くまた速度は速くて機動性にすぐれ俊敏な操縦で物陰に隠れるのも容易である。主砲(75mm対戦車砲)を火焔放射器に置き換えたことにより、前部の過大な重量が消えて操向装置の機能が一段と改善された。馬力過重(160PSで13.5メートルトン)は大変実用的な値である。

2. 前面装甲は十分で攻撃にも安全である。至近距離からの敵76.2mm対戦車砲弾は前面装甲を貫通できなかった。側面装甲は薄弱だが対戦車銃の射弾や砲弾片には安全である。前面装甲板への命中弾で装甲板の熔接接合部に亀裂の入った火焔戦車が1両あった。

3. 装着された火焔放射器および火焔油(オイル)用油槽の機能は燃料切れを除いては完璧であった。火焔放射器を欺瞞する(訳注27)ための被覆外筒はあまりにも脆弱にすぎる。簡単に折れ曲がり小火器弾にも容易に射貫されてしまう。この外筒をそっくり全部取り外せば、これに起因する火焔放射器の故障も起きないであろう。放射器の射程50mは不満である。

アメリカ軍に捕獲された38式火焔戦車の前面。火焔放射筒の保護外筒が壊れているが、この弱点に関しては本文の実戦報告に詳しい。(US Official)

この倍の射程は欲しい。さすれば、接近しずらい目標(鉄条網の後の掩蔽壕、地雷に守られた障害物など)との交戦も容易となる。火炎放射器の装置それ自体(訳注28)は、火焔戦車に乗降する乗員たちによる損傷や湿気を防ぐカバーで保護せねばならない。ガスケット(訳注29)は改良を要する。その内に火焔用油が漏れれば、たとえ少量であっても特にエンジンで火災の危険が生じる。油槽から火焔放射器への主油送管はもう少し右に寄せてつけるべきだ。いまのままでは砲手(放射器操作手)の行動のじゃまになる。

4. 追加装備の武器およびMG34の銃架は必要かつ適正であると判った。ドラム型弾倉あるいはベルト式給弾のどちらも同じように使用できる。

5. 当初の計画では乗員は3名(操縦手、火焔放射器操作手、車長兼無線手)であったのにくらべ、編制作成時にこれを4名(操縦手、火焔放射器射手、無線手および車長)としたのは正しい決定だったことが実戦経験から判った。機銃操作の完璧を期して無線手ハッチを追加したのも正しい処置であった。これ以外では脱出用ハッチがあればなお実用性が増したであろう。

6. 各火焔(放射)戦車の火焔用油槽容量は700リッターで、これを満杯にすれば60～70回分の放射量を充足する。火焔放射器は無点火噴射または、点火用薬包による点火後の火焔噴射のいずれの放射も可能である。野戦陣地(散兵壕、タコツボその他)に対しては最初、無点火噴射により油のみをこれらに浴びせれば、火焔油は壕内に侵透してゆく。続いて火焔を放射すれば最初に撒いた油にも着火する。最初から火焔を放射しても何ら効果のない塹壕陣地等との戦闘ではこの遅延反応方式が有効である。同じ方法は掩蔽壕(直接に火の着く材木製の掩蔽壕は別だが)や堡塁等との交戦にも利用できる。そのほかの目標についてはすべて点火噴射方式で交戦する。

火焔油の効果には火災と腐蝕性の両方がある。火焔を浴びた兵員は完全に焼死していなくてもひどい火傷を負う。火焔油はそれ自体に強度の苦痛をともなう腐蝕性があり、炎上した場合には相当の高温を発する。これを浴びた場合、兵器や装備類の可燃個所は即座に発火炎上するし、ほかの部分も使用不能となってしまう。家屋、特に木造や板張りの家は比較的長時間燃える油によって容易に着火する。掩蔽壕への攻撃では高熱と濃密な刺激性煙幕がその抵抗力を大幅に削減する。たとえ、完全に制圧できなくても、その戦闘力を大きく奪うことができる。

戦車に対してだが、火焔戦車そのものは重火器をもたないから、これに対抗する手段は至近距離からの奇襲しかなかろう。その後は点火噴射を浴びせて戦車のエンジン部に火災を起こさせるかあるいは視界を奪うぐらいが関の山であろう。

噴煙をともなう火焔の放射には敵の心胆を寒からしめるものがあるが、これを疎かにはできない。1945年1月9日のハッテンでの戦闘で西側の敵対者(訳注30)は我が方の火焔戦車による実際の士気喪失効果に対して敏感な反応を見せたのである。

7. 基本的には、火焔戦車は戦車、または迅速な機動性のある対戦車兵器類との連携が可能な場合のみに使用しうる。火焔戦車自体は敵の戦車および対戦車砲に対しては無防備に等しい。その装備兵器と装甲ゆえに、火焔戦車は歩兵による掩蔽壕や野戦築城陣地への攻撃や、市街地または森林での戦闘には非常に効果的な支援を提供できる。市街地や森林での戦闘の場合には近接戦闘での防禦や制圧地区の占領のために火焔戦車は必ず歩兵を随伴せねばならない。防禦では、火焔戦車は逆襲時に使用すべきでその際も戦車の支援を要する。1両の火焔戦車をそれのみで投入するのは絶対に不可である。最低でも1個小隊規模で使用すべきで、中隊一括してのそれがもっとも好ましい」

第352火焔戦車中隊の報告によれば、1945年3月15日の時点で未だ38式火焔戦車11両を保有、そのうち、可動車両は8両とある。

訳注28：放射筒部分のこと。

訳注29：漏れ止めシール、パッキング。

訳注30：米軍のこと。

Tiger I

ティーガーI型

　1944年12月5日の会議において、ヒットラーは任務遂行のためには先導車両は可能な限り重装甲で、その車内に長射程の火焔放射器を搭載する必要があるのだと言い出した。これはどう見ても重戦車、すなわちティーガーである。1944年12月29日の会議でもヒットラーは再度、長射程の火焔放射器を積み、ぶ厚い装甲をもつ火焔戦車として使える車両は（重）戦車だけだと宣った。彼はそれだけではなく、放射器の射程が200mに達するならばヤークトティーガーを使うことも考えていた。1945年1月3日の会議においてもヒットラーは三たび250mm厚装甲をもつ重火焔戦車開発の重要性について力説した。

　1945年1月23日の戦車開発委員会の会合において、クローン大佐は例の火焔戦車の開発状況について報告した。新たに開発した大型火焔放射器に圧搾窒素を使用すれば、120〜140mの放射距離が可能であった。しかし、この射程を保つためには火焔用油槽内の圧力を20〜25気圧にしなければならなかった。火焔放射器の筒身部はティーガーの車体機銃架の位置に固定装備することができた。火焔用油（オイル）は16〜20回分の放射量に相当する800リッター（400リッター入りの油槽2基）が、ティーガーの車内に設置された。が、この車内油槽方式にするとその他の兵器機構、つまり8.8cm砲や弾薬などがティーガーの車体内に搭載できなくなってしまう。そこで、解決策として油槽トレーラーを牽引する方式が提案された。これで、ティーガーの兵器機構を元のまま残すことが可能となった。

　オットー中佐は射程120〜140mの火焔放射器筒身用に全方位10度の射角をもつ銃架を最近になって完成したと付け加えた。

　長射程用の火焔用油は粘度が高いため流体ポンプが使えなかった。この高濃度火焔用油は圧搾ガスシリンダーで圧縮するか、あるいは圧縮バルブを使って加圧した窒素を推力にするしかなかった。10mm断面の特殊圧縮バルブが必要とされたが、これはドイツ海軍から入手できた。

　トーマレ少将（訳注31）に伝えられていたのは、実戦部隊は以前から火焔戦車を拒否しているということであった。だが、敵がこれを投入してきたのち、部隊はふたたび火焔戦車が欲しいと言いだしていた。すでに判っている火焔戦車の長所と短所を考慮した上で、トーマレが望んだのは旋回式の火焔放射器をもってタコツボや抵抗拠点をしらみつぶしにしてゆけるような小型の火焔放射装甲車であった。ティーガーI型はその8.8cm56口径戦車砲と弾丸80発をもって2500mの交戦距離で敵を圧倒し得るのだということを彼は力説した。ティーガーを火焔放射戦車にしても120〜140mの距離の放射を16〜20回するだけにすぎない。兵士たちの立場からはティーガーのフラムティーガー（Flammtiger＝火焔放射型ティーガー）への改装はとても容認できないことであった。

　新型火焔放射装置はさらに試作や実験を行う必要があった。それに加えて、空爆によりティーガーの生産が著しく減少したことも考慮すべき問題であった。フォン・ハイデカンプ博士は、このアイディアがヒットラー直々のものでなかったら、当時の軍事的および技術的な状況からして、より適切な火焔戦車の開発が行われるべきであると認めた。

　結局、ティーガーは火焔放射器の運搬用とするにはあまりにも高価であるというのが委員会全員の一致した意見であった。ただし、38式駆逐戦車への火焔放射器の搭載は容認

訳注31：機甲兵科総監部の幕僚長。

された。

　1945年3月19日、悪化する状況にもかかわらず、継続されるべき積極的開発計画の報告書内にはティーガーI型用火焰放射装置が含まれていた。トーマレ少将を交えての会議で、ヒットラーは再度、射程100～120mの火焰放射器の実験用模造品を砲塔のないティーガー車台に載せて早急に完成させよと命じた。ヒットラーはまた、科学者たちに直接その要望を述べ、全力をもってイギリス製火焰用油と同等の特性をもつ火焰用油を、ドイツでも作り上げるよう希望した。1945年4月3日、兵器局兵器試験第6課の課長ホルツヒュアー大佐はヒットラーの要求するティーガーI型車台の最重型火焰戦車についての進展があったと報告した。この実験用火焰戦車の製作に関する最初の会合は1945年3月21/22日、カッセルのヴェックマン社で行われた。ヴェックマン社は改装されるティーガーI型および搭載される圧搾窒素式火焰器材が予定通りに引き渡されるという条件下で4月15日に火焰戦車を完成させることに同意した。

　このティーガーI型および実験用圧搾窒素式火焰器材は最優先命令の下に貨車積みされ、1945年3月17日にクンマースドルフ地区からカッセルへ向かって出発した。ベルリンの輸送指揮官を再三にわたって悩ませ続けたにもかかわらず、この列車は1945年4月3日になってもカッセルへ到着しなかった。カッセルでの混乱した状況の結果、ヴェックマン社は輸送列車をブラウンシュヴァイクのミアグ社で組み立てることになった。

　この輸送における17日間の浪費が原因となって、実働可能な試作火焰戦車の完成は1945年4月15日にはもう望めなくなった。さらに、連合軍部隊の進撃と空爆作戦によって、このティーガーI型車台の最重型火焰戦車の試作車の完成に関する活動は、すべて水泡に帰したのである。

カラー・イラスト解説 The Plates

（カラー・イラストは25-32頁に掲載）

図版A1：II号戦車（火焰）(Sd.Kfz.122) B型
ロシア　1941年12月

　II号戦車（火焰）の最初のシリーズ90両が生産されたのち、さらに150両のII号戦車（火焰）が追加発注された。これら、第2シリーズLa.S.138の生産は1941年8月にはすでに開始されていた。1941年12月、これらの車台は火焰戦車用ではなく7.62㎝ PaK36(r)〔36式(r) 7.62㎝対戦車砲〕を搭載、対戦車自走砲にすることが決定した。1942年3月に生産が停止したとき、完成したII号戦車（火焰）B型は62両に過ぎなかった。1941年に完成した戦車の塗装はすべて暗 灰 色RAL 7021であった。
［編注：RALはドイツの産業の品質監督、基準・規格設定の業務を行うため、1925年に設立された「帝国工業規格」の略称。ドイツ陸軍が使用した多くの塗料が、RALの規格番号で管理されていた。この機関は現在も存続し、日本語名称は「ドイツ品質保証・表示協会」。なお、規格番号は1953年から段階的に改正されており、本書に記載されている分類番号は「帝国工業規格」当時のものである］

図版A2：B2戦車（火焰）　第102（火焰）戦車大隊
ロシア　1941

　II号戦車（火焰）B型の車台に対戦車砲を搭載する決定が成されたのちも、火焰戦車の生産を継続する新しい計画が作成された。鹵獲したフランス製シャールB1 bis重戦車を改造する要求が出された。ドイツ軍ではB2重戦車と呼ばれたシャールB1 bisはII号戦車に比べてはるかに重装甲であった。最初のシリーズはII号戦車（火焰）から外した火焰放射小砲塔から取り外した放射装置1基を、B2戦車の車体7.5㎝砲の位置に搭載するよう改造された。砲塔の4.7㎝(f)戦車砲はそのままであった。この時期のドイツ戦車の塗装は暗 灰 色RAL 7021で、B2(F)戦車もその改装時にこの色に塗り直された。

図版B1：中型火焔装甲車(Sd.Kfz. 251/16) 1944年夏

当初、Sd.Kfz.251/16はSd.Kfz.251 C型の車台を用いて造られた。ここで解説するのはSd.Kfz.251 D型車体のものである。この時期のドイツ装甲車両は暗黄色を基本塗装としているが、もし必要ならば暗黄緑色RAL 6003と赤褐色RAL 8017を使った不規則斑点およびしま模様を重ね塗り（吹き付け）した。車内の塗装は暗黄色であった。

図版B2：38式火焔戦車　西部戦線　1945年1月

第352および第353の2個火焔戦車中隊は各々、38式火焔戦車10両を装備していた。これらの火焔戦車は1944年12月8日にプラハのBMM工場の生産ラインに在った38式駆逐戦車を抽出改装して造られたものであった。この両中隊は「北風」作戦での使用を予定されていた。塗装は赤RAL 8012のさび止め用下地塗りに、よく薄めた暗黄緑色RAL 6003および暗黄色の不規則しま模様を手作業で重ね塗りしてある。

図版C1：Ⅲ号戦車(火焔型)(Sd.Kfz.142/3) イタリア　1943年

ブラウンシュヴァイクのミアグ社で完成したⅢ号戦車M型の車台100両分は、Ⅲ号戦車(火焔型)用に改装された。これらはカッセルのヴェックマン社に引き渡され、Ⅲ号戦車(火焔型)として完成する。火焔燃料槽、補助エンジン、ポンプおよび放射器用集合配管類が追加装備され、5cm60口径戦車砲に代わって火焔放射器を取り付けたⅢ号戦車の改造砲塔は、ヴェックマン社で搭載された。イラストではイタリアで使用された21両のⅢ号戦車(火焔型)の1両で、透視図Dと同一の車両である。配備された部隊は第16戦車師団と第26戦車師団で前者に7両、後者には14両が割り当てられた。

外部塗装は1943年2月から支給された暗黄色RAL 7028(黄褐色)である。迷彩パターンは乗員の自由裁量で基本の暗黄色上に、暗黄緑色RAL 6003と赤褐色RAL 8017(濃暗褐色)を斑点およびしま模様で重ねている。この部隊のⅢ号戦車(火焔型)は迷彩だけでなく、砲塔の戦術番号もたびたび変更されている。

図版C2：Ⅲ号戦車(火焔型)(Sd.Kfz.142/3) 第6戦車師団　クルスク　ロシア　1943年

戦術番号「851」のこの第6戦車師団のⅢ号戦車(火焔型)は、ロシア軍の対戦車銃火から車体側面を守るためのシュルツェン(外装式補助装甲板)を再装着している。そのシュルツェンに黄色で描かれた師団標識はいわゆるクルスクマーキングと呼ばれるもののひとつ。1943年5月、陸軍総司令部──南部軍集団は十分な予告なしに新しい師団標識類の図表を発布したが、その目的はロシア軍情報部を攪乱することにあった。これらの標識類は「城塞」作戦──クルスクの戦い──の直前になってからほとんどの装甲車両に描き込まれた。「Op」の文字はほかのⅢ号戦車M型、N型にも見られるが、これは部隊指揮官の名前の頭文字と思われる[訳注：第11戦車連隊長フォン・オッペルン・ブロニコウスキー大佐の頭文字]。

図版D：Ⅲ号戦車(火焔型)(Sd.Kfz.142/3) イタリア　1943年

透視図は図版C1の車両と同一。この時期のドイツ軍装甲車両はすべて、戦闘室内を明灰褐色RAL 7021(ベージュ)に塗っていた。機関室内は赤RAL 8012(さび止め塗装)のままで、マイバッハHL 120エンジンは灰緑色RAL 7009(下塗りのまま)であった。

図版E：突撃砲(火焔型)　第Ⅰ機甲兵科学校 ドイツ　1943年

1943年5月と6月、修理再生用の突撃砲10両が突撃砲(火焔型)に改造されて、第Ⅰ機甲兵科学校に訓練用として配備された。1944年1月、これらは兵器廠に返還され数カ月のうちに40式48口径7.5cm突撃加農砲を搭載する突撃砲に再改造された。

突撃砲(火焔型)は突撃砲F/8型を改造して造られ、このF8型はⅢ号戦車J型用のZ.W.第8シリーズ車台を使用した最初の突撃砲であった。火焔型では車体前面に増加装甲板が熔接されたので、その前面装甲は80mm厚になった。この時期の装甲車両は暗黄色RAL 7028(黄褐色)に塗られていた。

図版F：Ⅱ号戦車(火焔)(Sd.Kfz.122) 第100(火焔)戦車大隊　ロシア　1941年

新しいLa.S.138型車台を使ったⅡ号戦車(火焔)シリーズは合計46両が造られた。これらのうちの何両かはⅡ号戦車E型用に設計された車台(車台番号Nr. 27801〜28000)を使用していた。E型は、通常のドライピン型鋼製履帯を使用するD型と異なり厚みのある給脂式履帯を装着しており、これが識別点となる。Ⅱ号戦車D型(車台番号Nr. 27001〜27800)43両が追加改造分として部隊から返還された。1940年8月以前に引き渡された戦車の標準塗装は暗灰色RAL 7021と暗褐色RAL 7018の2色迷彩であった。1940年8月以降、戦車類はすべて暗灰色RAL 7021の単色塗装となった。

図版G：B2戦車(火焔) SS第7義勇山岳兵師団「プリンツ・オイゲン」 ユーゴスラビア　5月　1943年

これはB2戦車(火焔)の最終生産シリーズから引き渡された車両である。この最終シリーズは車体の火焔放射筒、球形銃架、拡大された戦闘室で識別できる。ほかに火焔放射筒操作手用に増設されていた開閉防弾式展望孔[訳注：操縦手用のと略同型]、戦車後部の最終減速機上に取り付けられた大型の装甲燃料槽なども最終型の特徴である。

これらB2戦車(火焔)は暗灰色RAL 7021で塗られていた。図はユーゴスラビアでパルチザンと戦ったSS第7義勇山岳兵師団「プリンツ・オイゲン(Prinz Eugen)」に配備された車両。前照灯の装甲蓋に描かれた「プリンツ・オイゲン」の師団章は黄色、砲塔の戦術番号と車体両側面の十字はともに白色である。

◎訳者紹介

富岡吉勝（とみおかよしかつ）
　1944年北海道旭川市生まれ。学生時代から戦車や軍用車両、戦史に興味をもち、現在は精密なスケール模型の設計をする傍ら、戦史の研究、著述および翻訳を続けている。
　訳書に『ジャーマンタンクス』『奮戦！第6戦車師団』『パンツァーフォー』『ティーガー・無敵戦車の伝説』『Ⅲ号突撃砲短砲身型 1940-1942』（いずれも大日本絵画刊）などがある。

オスプレイ・ミリタリー・シリーズ
世界の戦車イラストレイテッド **8**

ドイツ軍火焔放射戦車 1941-1945

発行日	2001年4月8日　初版第1刷
著者	トム・イェンツ ヒラリー・ドイル
訳者	富岡吉勝
発行者	小川光二
発行所	株式会社大日本絵画 〒101-0054 東京都千代田区神田錦町1丁目7番地 電話：03-3294-7861　http://www.kaiga.co.jp
編集	株式会社アートボックス
装幀・デザイン	関口八重子
印刷/製本	大日本印刷株式会社

©1995 Osprey Publishing Limited
Printed in Japan
ISBN4-499-22743-7　C0076

Flammpanzer German
Tom Jentz　Hilary Doyle

First published in Great Britain in 1995,
by Osprey Publishing Ltd, Elms Court,
Chapel Way, Botley,
Oxford, OX2 9LP. All rights reserved.
Japanese language translation
©2001 Dainippon Kaiga Co.,Ltd.